浙江省中等职业教育示范校建设课程改革创新教材

电气控制基础与 PLC 技术应用
（三菱系列）

王立彪　主　编
邵晓兵　副主编

科学出版社
北　京

内 容 简 介

本书贯彻"做中学，做中教"的职业教育教学理念，提炼了实际生产和生活中典型的可编程控制器应用案例，突出三菱 FX$_{2N}$ 系列 PLC 的实际应用。本书按 PLC 的培训层次分为五个单元。单元一介绍常用的低压电器及控制电路等知识；单元二介绍 PLC 基础，主要包括 PLC 的结构、工作原理、编程语言及 GX Developer 软件使用等知识；单元三以三菱 FX$_{2N}$ 系列 PLC 为基础，从实际的应用任务出发，讲述 PLC 的基本指令系统及梯形图；单元四介绍三菱 FX$_{2N}$ 系列 PLC 步进指令及步进编程方法的基本应用；单元五通过若干个任务介绍常用功能指令和数据处理指令的基本应用。

本书内容简明扼要、深入浅出，适合作为中等职业学校电气技术应用专业及相关专业的教学用书，也可作为电气相关岗位的培训教材及自学用书或作为机电工程技术人员的参考学习资料。

图书在版编目（CIP）数据

电气控制基础与 PLC 技术应用：三菱系列/王立彪主编. —北京：科学出版社，2018

（浙江省中等职业教育示范校建设课程改革创新教材）

ISBN 978-7-03-056998-1

Ⅰ.①电… Ⅱ.①王… Ⅲ.①电气控制-中等专业学校-教材②PLC 技术-中等专业学校-教材 Ⅳ.①TM571.2②TM571.6

中国版本图书馆 CIP 数据核字（2018）第 051700 号

责任编辑：韩 东 王会明 / 责任校对：陶丽荣
责任印制：吕春珉 / 封面设计：东方人华平面设计部

科学出版社 出版

北京东黄城根北街 16 号
邮政编码：100717
http://www.sciencep.com

三河市骏杰印刷有限公司 印刷

科学出版社发行 各地新华书店经销

*

2018 年 3 月第 一 版 开本：787×1092 1/16
2018 年 3 月第一次印刷 印张：12 3/4
字数：299 000

定价：35.00 元

（如有印装质量问题，我社负责调换〈骏杰〉）
销售部电话 010-62136230 编辑部电话 010-62135397-2008

浙江省中等职业教育示范校建设课程
改革创新教材编委会

主　任

　　黄锡洪

副主任

　　周洪亮　　周柏洪　　朱寿清　　谢光奇　　邵晓兵　　余悉英

成　员

　　龚海云　　闫　肃　　王立彪　　叶光明　　张红梁　　吴笑航

　　钟　航　　蔡德华　　郝好敏　　李双彤　　潘卫东　　黄利建

　　金晓峰　　姜静涛　　叶晓春　　傅　欢　　蒋水生　　章佳飞

　　许雪佳　　阎海平　　李　钊　　谢　岷　　朱必均　　金高飞

前　言

可编程控制器（简称 PLC）是基于微型计算机技术的通用工业自动控制设备，由于它可通过软件来改变控制过程，且具有体积小、组装维护方便、编程简单、可靠性高、抗干扰能力强等特点，已广泛应用于机械制造、冶金、化工、交通、电子、纺织、印刷、食品、建筑等诸多领域，是自动控制系统中的关键设备之一。

PLC 技术是从事工业自动化、机电一体化工作的专业技术人员应掌握的重要实用技术之一。PLC 技术的实践性较强，目前有关 PLC 的教材大多偏重理论，在应用性任务的介绍方面比较薄弱，很多教学一线的教师在教授 PLC 课程时，总感觉没有合适的实践任务供学生学习或训练，本书正是在这一背景下产生的。本书采用"单元-项目"模式，介绍工作任务所需要的 PLC 基础知识和完成任务的步骤与方法，通过完成工作任务的实际技能训练全面提高 PLC 综合应用的技巧和技能。

全书共分五个单元。

单元一为电气控制技术基础，通过 2 个项目分别介绍了低压电器基础知识和常用的电气控制电路等内容。

单元二为 PLC 基础，通过 6 个项目分别介绍了 PLC 的定义、分类、结构、工作原理、编程语言、软元件及编程软件的使用等内容。

单元三为三菱 FX$_{2N}$ 系列 PLC 编程实训，通过 3 个项目 7 个任务分别介绍了 PLC 的编程原则、程序设计方法、常用单元电路的编程及基本指令的应用等内容。

单元四为三菱 FX$_{2N}$ 系列 PLC 步进顺序控制编程实训，通过 3 个项目 6 个任务分别介绍了 PLC 的步进顺序控制、步进顺序控制指令、状态转移图的编制及步进指令的应用等内容。

单元五为三菱 FX$_{2N}$ 系列 PLC 常用功能指令和数据处理指令，通过 3 个项目 5 个任务分别介绍了 PLC 的功能指令使用方法、数据处理指令使用方法及功能指令和数据处理指令的应用等内容。

附录汇总了 PLC 控制系统设计安装与调试训练项目，列出了有关 PLC 的技术参数表，还给出了变频器基本结构、参数设定及参数清除设置步骤、常用接线等图示。

本书通过任务驱动技能训练，可使读者掌握 PLC 的基础知识、PLC 程序设计方法与编程技巧，能有效提高读者 PLC 的综合应用能力。

本书由王立彪担任主编，邵晓兵担任副主编，阎海平、李光林、金高飞、龚海云、童建民参与了编写。

由于编写时间仓促，加之编者水平有限，书中难免存在不妥之处，恳请广大读者批评指正。

目　录

单元一
电气控制技术基础

电气控制技术在工业生产、科学研究及其他各个领域的应用十分广泛，已经成为实现生产过程自动化的重要技术手段之一。尽管电气控制设备种类繁多、功能各异，但其控制原理、基本线路、设计基础都是类似的。本单元主要以电动机和其他执行电器为控制对象，介绍电气控制中常用的低压电器、典型线路的分析和设计原则。

项目一　低压电器基础知识

学习目标

1. 掌握低压电器的定义、功能、分类及作用。
2. 认识并了解常用的低压电器。
3. 掌握常用低压电器的工作原理。
4. 会画常用低压电器的图形文字符号。

一、低压电器的定义

低压电器标准规定，低压电器通常是指在交流 1200V 以下与直流 1500V 以下电路中起通断、控制、保护和调节作用的电气设备，以及利用电能来控制、保护和调节非电过程和非电装置的用电装备。

二、低压电器的分类及主要作用

1. 低压电器的分类

（1）按动作方式分类

低压电器按动作方式分类，可分为自动电器和非自动电器。

1）自动电器：按照电信号或非电信号的变化而自动动作的电器，如继电器、接触器等。

2）非自动电器：由人工直接操作而动作的电器，如按钮、开关等。

（2）按控制作用分类

低压电器按控制作用分类，可分为执行电器、控制电器、主令电器和保护电器。

1）执行电器：用来完成某种动作或传递功率，如电磁铁。

2）控制电器：用来控制电路的通断，如开关、继电器。

3）主令电器：用来控制其他自动电器的动作，以发出控制指令，如按钮、主令开关。

4）保护电器：用来保护电源、电路及用电设备，使它们不会在短路过载状态下运行，免遭损坏，如熔断器、热继电器等。

（3）按工作原理分类

低压电器按工作原理分类，可分为电磁式电器和非电量控制电器。

1）电磁式电器：根据电磁感应原理来工作的电器，如接触器、继电器。

2）非电量控制电器：依靠外力或非电量的变化而动作的电器，如按钮、温度继电器。

2. 低压电器的主要作用

低压电器的主要作用有控制作用、保护作用、测量作用、调节作用、指示作用、转换作用。

三、常用的低压电器

1. 主令电器

主令电器（图 1-1-1）是一种专门发布命令、直接或通过电磁式电器间接作用于控制电路的电器，常用来控制电力拖动系统中电动机的起动、停车、调速及制动等。

常用的主令电器有控制按钮、行程开关、接近开关、万能转换开关和光电开关。

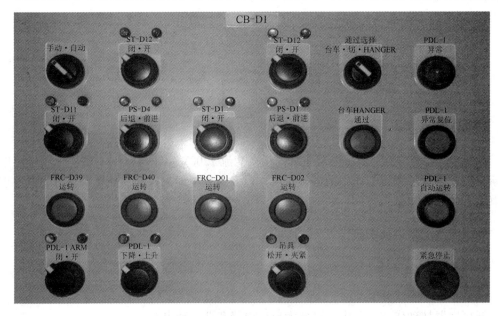

图 1-1-1　主令电器

（1）控制按钮

控制按钮由按钮帽 1，复位弹簧 2，桥式触点 3、4、5 和外壳等组成，通常做成复合式，即具有动合触点和动断触点，其结构示意图及图形文字符号如图 1-1-2 所示。

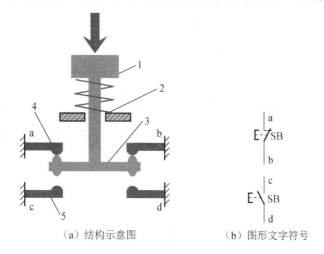

（a）结构示意图　　　　　（b）图形文字符号

图 1-1-2　控制按钮的结构示意图及图形文字符号

1—按钮帽；2—复位弹簧；3、4、5—桥式触点

几种常用的控制按钮如图 1-1-3 所示。

图 1-1-3　常用的控制按钮

控制按钮的图形文字符号如表 1-1-1 所示。

表 1-1-1　控制按钮的图形文字符号

名称	结构	符号
常闭按钮（停止按钮）	按钮帽 复位弹簧 支柱连杆 动断触点	E-∕SB
常开按钮（起动按钮）	按钮帽 复位弹簧 支柱连杆 动合触点	E-∖SB

续表

名称	结构	符号
复合按钮	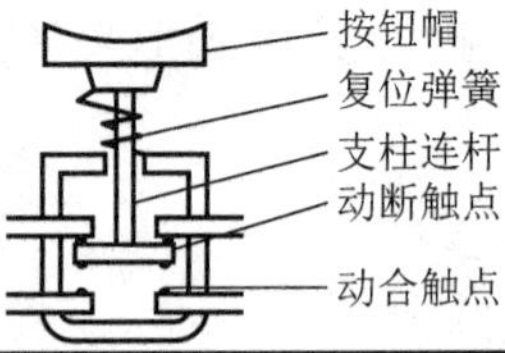  按钮帽 复位弹簧 支柱连杆 动断触点 动合触点	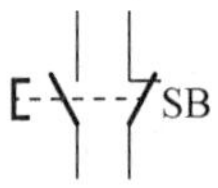  SB

（2）行程开关

行程开关又称位置开关或限位开关。它的作用与按钮相同，只是其触点的动作不是靠手动操作，而是利用生产机械某些运动部件上的挡铁碰撞其滚轮使触点动作来实现接通或分断电路的。常用的行程开关如图 1-1-4 所示。

（a）直动式开关　　　　　　　（b）滚轮式开关　　　　　　　（c）微动开关

图 1-1-4　常用的行程开关

行程开关的结构及图形文字符号如图 1-1-5 和图 1-1-6 所示。

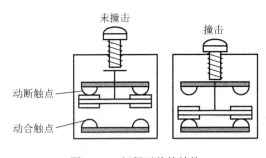

未撞击　　　　撞击

动断触点

动合触点

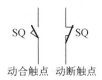

SQ　　　SQ

动合触点　动断触点

图 1-1-5　行程开关的结构　　　　　　图 1-1-6　行程开关的图形文字符号

（3）接近开关

接近式位置开关是一种非接触式的位置开关，简称接近开关。它由感应头、高频振荡器、放大器和外壳组成。当运动部件与接近开关的感应头接近时，就使其输出一个电信号。接近开关包括电感式和电容式两种。

接近开关的外形及图形文字符号如图 1-1-7 所示。

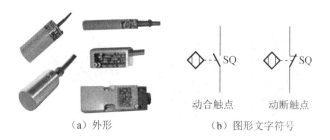

（a）外形　　　　　　　　　（b）图形文字符号

图 1-1-7　接近开关的外形及图形文字符号

（4）万能转换开关

万能转换开关是一种多挡式、控制多回路的主令电器，一般可用于多种配电装置的远距离控制，也可作为电压表、电流表的换相开关，还可用于小容量电动机的起动、制动、调速及正反向转换的控制。其触点挡数多、换接线路多、用途广泛，故有"万能转换开关"之称。万能转换开关的外形如图 1-1-8 所示。

图 1-1-8　万能转换开关的外形

（5）光电开关

光电开关又称为无接触检测和控制开关。它利用物质对光束的遮蔽、吸收或反射等作用，对物体的位置、形状、标志、符号等进行检测。光电开关的外形如图 1-1-9 所示。

图 1-1-9　光电开关的外形

2. 接触器

接触器主要用于频繁接通或分断交、直流主电路和大容量的控制电路，可远距离操作，配合继电器可以实现定时操作、联锁控制及各种定量控制和失电压及欠电压保护。接触器可分为交流接触器和直流接触器两种，其外形分别如图 1-1-10 和图 1-1-11 所示。

图 1-1-10　交流接触器的外形

图 1-1-11　直流接触器的外形

（1）接触器的结构及工作原理

交流接触器主要由电磁机构（包括电磁线圈 1、铁芯 2 和衔铁 3）、触点机构（辅助触点 4 和主触点 5）、灭弧装置（图中未画出）及其他部分组成，如图 1-1-12 所示。

如图 1-1-12 所示，当接触器的电磁线圈 1 通电后，铁芯 2 中产生磁通及电磁吸力。此电磁吸力克服弹簧反力使得衔铁 3 吸合，带动辅助触点 4 和主触点 5 动作，动断触点打开，动合触点闭合，互锁或接通线路。线圈失电或线圈两端电压显著降低时，电磁吸力小于弹簧反力，使得衔铁释放，触点机构复位，断开线路或解除互锁。

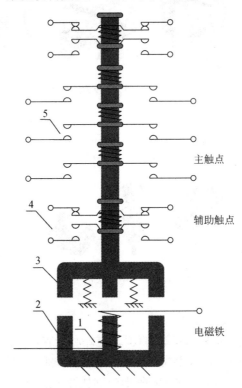

图 1-1-12　交流接触器的结构

1—电磁线圈；2—铁芯；3—衔铁；4—辅助触点；5—主触点

（2）交流接触器的图形文字符号

交流接触器的图形文字符号如图 1-1-13 所示。

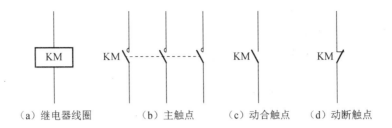

（a）继电器线圈　　　（b）主触点　　　（c）动合触点　　　（d）动断触点

图 1-1-13　交流接触器的图形文字符号

3. 继电器

继电器是根据一定的信号（如电流、电压、时间和速度等物理量）的变化来接通或分断小电流电路和电器的自动控制电器。

继电器与接触器的区别

继电器：一般用于控制回路中，控制小电流电路，触点额定电流一般不大于5A，所以不加灭弧装置。

接触器：一般用于主回路中，控制大电流电路，主触点额定电流一般不小于5A，需加灭弧装置。

另外，接触器一般只能对电压的变化做出反应，而各种继电器可以在相应的各种电量或非电量作用下动作。结构上接触器有主触点，继电器没有主触点。

下面对几种常用继电器进行介绍。

（1）中间继电器

中间继电器实质上是一种电压继电器。它的特点是触点数目较多，电流容量可增大，起到中间放大的作用。几种常用中间继电器的外形及图形文字符号如图 1-1-14 和图 1-1-15 所示。

图 1-1-14　几种常用中间继电器的外形

（a）继电器线圈　　　　（b）动合触点　　　　（c）动断触点

图 1-1-15　中间继电器的图形文字符号

（2）时间继电器

在自动控制系统中，有时需要继电器得到信号后不立即动作，而是要顺延一段时间后再动作并输出控制信号，以达到按时间顺序控制的目的。时间继电器就能实现这种功能。

时间继电器按工作原理分可分为电磁式、空气阻尼式（气囊式）、晶体管式、单片机控制式等。延时方式有通电延时和断电延时两种。几种常用时间继电器的外形如图 1-1-16 所示。

（a）空气阻尼式时间继电器　　（b）晶体管式时间继电器　　（c）电磁式时间继电器

图 1-1-16　几种常用时间继电器的外形

时间继电器的图形文字符号如图 1-1-17 所示。

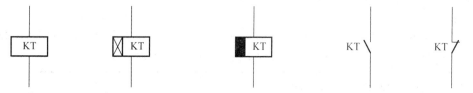

（a）继电器线圈　（b）缓慢吸合继电器线圈　（c）缓慢释放继电器线圈　（d）瞬动动合触点　（e）瞬动动断触点

（f）延时闭合的动合触点　（g）延时断开的动断触点　（h）延时断开的动合触点　（i）延时闭合的动断触点

图 1-1-17　时间继电器的图形文字符号

（3）热继电器

热继电器是一种具有反时限过载保护特性的过电流继电器，广泛用于电动机的过载保护，也可以用于其他电气设备的过载保护。

热继电器主要由感温元件（或称热元件）、触点系统、动作机构、复位按钮等组成。感温元件由双金属片及绕在双金属片外面的电阻丝组成。热继电器的外形及图形文字符号如图 1-1-18 所示。

（4）速度继电器

速度继电器是利用速度信号来切换电路的自动电器，常用于电动机反接制动控制电路中，当反接制动的电动机转速下降到接近零时，其触点动作切断电路。它由转子、定子和触点三部分组成。速度继电器的选择主要根据电动机的额定转速、控制要求等来进行。速度继电器的外形如图 1-1-19 所示。

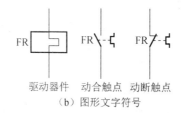

FR □   FR ⌐⌐   FR ⌐⌐

驱动器件   动合触点   动断触点

（a）外形   （b）图形文字符号

图 1-1-18 热继电器的外形及图形文字符号   图 1-1-19 速度继电器的外形

（5）其他低压电器

1）刀开关。刀开关是一种手动电器，在低压电路中用于不频繁地接通和分断电路，或用于隔离电源，又称隔离开关。

刀开关的结构如图 1-1-20 所示。

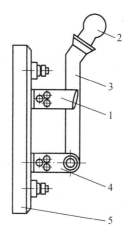

图 1-1-20 刀开关的结构

1—静触头；2—手柄；3—动触头；4—铰链支架；5—绝缘底板

刀开关的安装：刀开关在切断电源时会产生电弧，因此在安装刀开关时手柄必须朝上，不得倒装或平装。

接线时应将电源线接在上端，负载接在下端，这样拉闸后刀片与电源隔离，可防止意外发生。

常用的刀开关有 HD 系列及 HS 系列板用刀开关、HK 系列开启式负荷开关和 HH 系列封闭式负荷开关。常用刀开关的外形及图形文字符号如图 1-1-21 所示。

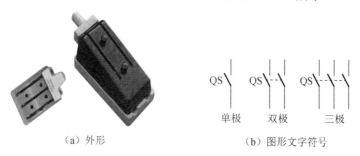

QS   QS   QS

单极   双极   三极

（a）外形   （b）图形文字符号

图 1-1-21 常用刀开关的外形及图形文字符号

2）熔断器。熔断器是一种结构简单、使用方便、价格低廉、控制有效的短路保护电器。熔断器主要由熔体（俗称保险丝）和安装熔体的熔管（或熔座）组成。常用的熔断器及图形文字符号如图 1-1-22 所示。

（a）螺旋式熔断器　　（b）圆筒形帽熔断器　　（c）螺栓连接熔断器　　（d）图形文字符号

图 1-1-22　常用的熔断器及图形文字符号

熔断器的主要技术参数如下。

① 额定电压：熔断器长期工作时能够正常工作的电压。

② 额定电流：熔断器长期工作时允许通过的最大电流。熔断器一般起保护作用，负载正常工作时，电流基本不变。熔断器的熔体要根据负载的额定电流进行选择，只有选择合适的熔体，才能起到保护电路的作用。

3）低压断路器。

① 定义：低压断路器又称自动空气断路器或称自动空气开关，是一种既有手动开关作用又能自动进行欠电压、失电压、过载和短路保护的电器。

② 分类：有单极、双极、三极、四极 4 种。

③ 作用：可用于电源电路、照明电路、电动机主电路的分合及保护等。

④ 品种：品种繁多，典型产品有 DZ10 系列、DZ20 系列、3VE 系列、DZ47-63 系列等。

断路器的外形及图形文字符号如图 1-1-23 所示。

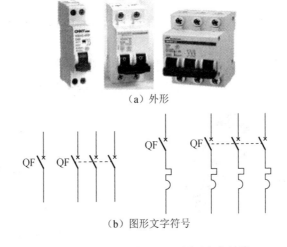

（a）外形

（b）图形文字符号

图 1-1-23　断路器的外形及图形文字符号

━━━━ 知 识 测 评 ━━━━

1. 选一选

（1）下列选项中属于常用低压保护电器的有（　　）。

　　A．刀开关　　　　　　　　　　　B．熔断器

　　C．接触器　　　　　　　　　　　D．热继电器

（2）下列选项中属于手动切换电器的有（　　）。

　　A．低压断路器　　　　　　　　　B．继电器

　　C．接触器　　　　　　　　　　　D．组合开关

（3）按下复合按钮时，（　　）。

　　A．动合触点先闭合　　　　　　　B．动断触点先断开

　　C．动合触点、动断触点同时动作　D．无法确定

（4）热继电器在电动机控制电路中不能作（　　）。

　　A．短路保护　　　　　　　　　　B．过载保护

　　C．断相保护　　　　　　　　　　D．过载保护和断相保护

（5）目前在工业、企业、机关、公共建筑、住宅中广泛使用的控制和保护电器是（　　）。

　　A．开启式负荷开关　　　　　　　B．接触器

　　C．转换开关　　　　　　　　　　D．断路器

2. 讲一讲

（1）什么是低压电器？如何分类？

（2）低压电器具有哪些作用？

（3）常用的主令电器有哪些？请举例说明。

（4）阐述交流接触器的工作原理。

3. 画一画

试画出控制按钮、行程开关、交流接触器和熔断器的图形符号。

项目二　常用的电气控制电路

📚 学习目标

1. 认识并了解常用的电气控制电路原理图。

2. 能熟练绘制常用的电气控制电路原理图。

一、几种典型的电气控制电路原理图

控制电路类型很多，有的初看上去电气元件繁多、结构复杂，但实际上大多数电路都由一些基本控制电路组成，如图 1-2-1 所示。

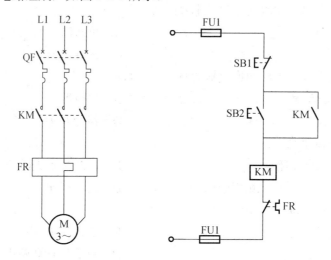

图 1-2-1　电动机自锁与互锁控制电路原理图

1. 电动机自锁与互锁控制电路原理图

电动机自锁与互锁控制电路原理图如图 1-2-1 所示。

2. 电动机互锁控制电路原理图

电动机互锁控制电路原理图如图 1-2-2 所示。

3. 两台电动机顺序控制电路原理图

两台电动机顺序控制电路原理图如图 1-2-3 所示。

4. 电动机自动往返控制电路原理图

电动机自动往返控制电路原理图如图 1-2-4 所示。

5. 电动机多地控制电路原理图

电动机多地控制电路原理图如图 1-2-5 所示。

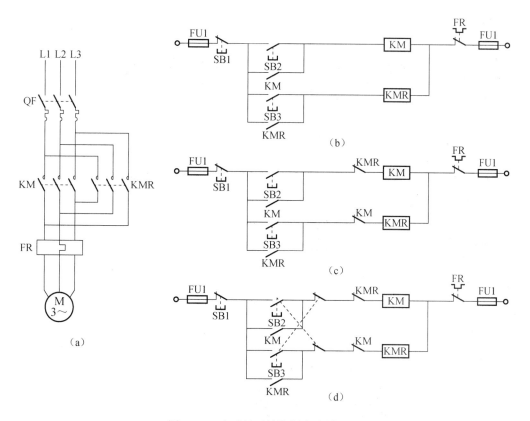

图 1-2-2 电动机互锁控制电路原理图

KM—正转接触器；KMR—反转接触器

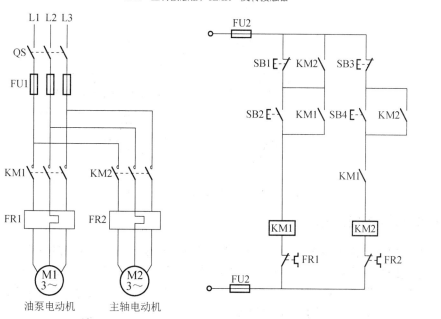

图 1-2-3 两台电动机顺序控制电路原理图

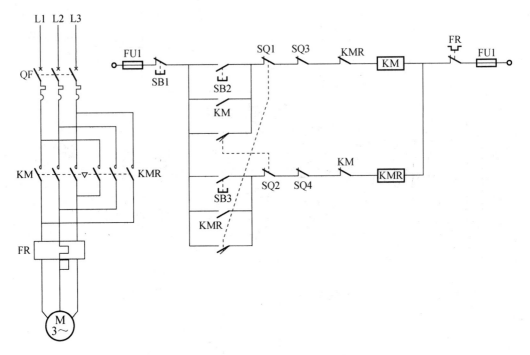

图 1-2-4　电动机自动往返控制电路原理图

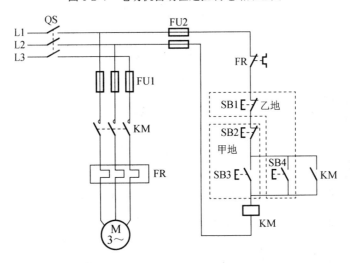

图 1-2-5　电动机多地控制电路原理图

二、电气控制电路图的组成

　　将电气控制电路中各电气元件及它们之间的连接线路用一定的图形表达出来，这种图形就是电气控制电路图，一般包括电气原理图、电器布置图和电气安装接线图 3 种。

　　电气控制电路图中的图形符号由一般符号、符号要素、限定符号、常用的非电操作控制的动作符号（如机械控制符号）等组成。

　　电气原理图用图形和文字符号表示电路中各个电气元件的连接关系和电气工作原理，它并不反映电气元件的实际大小和安装位置。CW 型普通车床的电气原理图如图 1-2-6 所示。

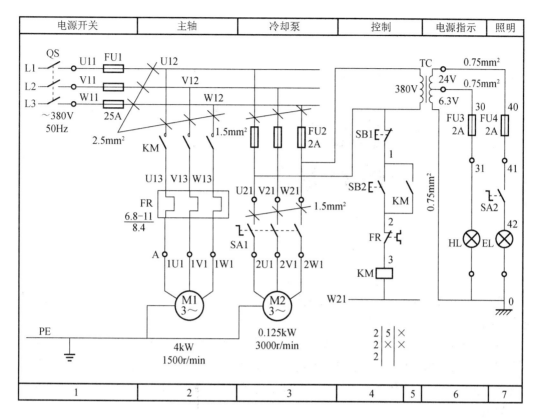

图 1-2-6 CW 型普通车床的电气原理图

三、电气原理图的绘制原则

1）电气原理图一般分为主电路和辅助电路两个部分。

2）电气原理图中所有电气元件的图形符号和文字符号必须符合国家规定的统一标准。

3）在电气原理图中，所有电器的可动部分均按原始状态画出。

4）动力电路的电源线应水平画出；主电路应垂直于电源线画出；控制电路和辅助电路应垂直于两条或几条水平电源线；耗能元件（如线圈、电磁阀、照明灯和信号灯等）应接在下面一条电源线一侧，而各种控制触点应接在另一条电源线上。

━━━━━ 知 识 测 评 ━━━━━

1. 讲一讲

电气原理图的绘制有哪些原则？

2. 画一画

（1）画出两台电动机顺序控制电路原理图。

（2）画出电动机自动往返控制电路原理图。

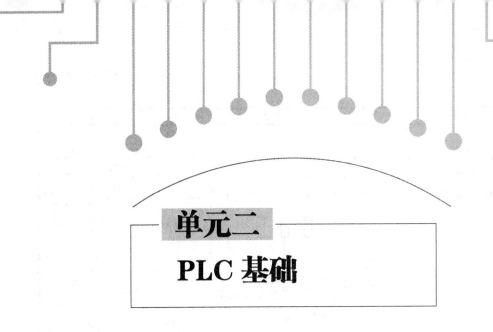

单元二
PLC 基础

PLC 是 20 世纪 60 年代美国在传统的顺序控制器基础上引入微电子技术和计算机技术而研制出的新型工业自动控制装置。

随着工业控制技术的进步，PLC 技术已广泛应用于工业生产过程的自动控制领域。为了适应社会的需要，许多大、中专院校已经开设了这方面的课程。而 PLC 应用技术是一门实践性很强的学科，只有通过实际操作才能较好地掌握这门技术。本单元主要介绍 PLC 的基础知识。

项目一　PLC 基础知识

学习目标

1. 掌握 PLC 的产生背景及定义。
2. 掌握 PLC 的结构、分类及特点。

一、PLC 的产生和定义

1. PLC 的产生背景

生产过程在不需要人工直接干预的情况下，由机器设备按预期的目标实现测量、操纵、信息处理、生产、加工等过程控制称为工业自动化。20 世纪 60 年代以前，传统的生产机械自动控制装置采用继电接触器控制系统，它在工业电气自动化、电力拖动等控制领域中应用得十分广泛。继电-接触器控制系统如图 2-1-1 所示。

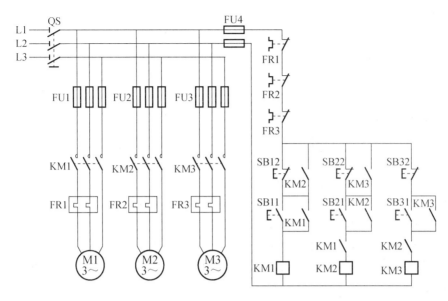

图 2-1-1　继电-接触器控制系统

传统生产机械的自动装置存在如下问题和缺陷。

1）复杂控制系统使用大量继电器，导线连接复杂。

2）继电器可靠性低。

3）查找和排除故障困难，耗时巨大。

4）工艺要求发生变化，控制柜内部的元件及接线需要做相应的变动，改造工期长，费用高。

5）继电器控制柜体积大，能耗高。

6）设备安装、调试、维护、操控生产需求人力较多。

7）工作效率低。

20 世纪 60 年代末期，美国的汽车制造工业竞争异常激烈，为了适应汽车型号不断更新、生产工艺不断变化的需要，实现小批量、多品种生产，希望有一种新型工业控制器能做到尽可能减少重新设计和更换继电器控制系统及接线，以降低成本，缩短周期。1968 年美国通用汽车公司（GM 公司）提出了招标开发研制新型顺序逻辑控制器的十条要求，即有名的十条招标指标，其主要内容如下。

1）编程简单，可在现场修改和调试程序。

2）维护方便，采用插件式结构。

3）可靠性高于继电器控制柜。

4）体积小于继电器控制柜。

5）成本可与继电器控制柜竞争。

6）可将数据直接送入计算机。

7）可直接使用 115V 交流输入电压。

8）输出采用 115V 交流电压，能直接驱动电磁阀、交流接触器等。

9）通用性强，扩展方便。

10）能存储程序，存储器容量可以扩展到 4KB。

1969 年，美国数字设备公司（DEC 公司）根据十条招标指标的要求，研制出世界上第一台 PLC，型号为 PDP-14，并成功应用于 GM 公司自动装配线上。此后，这项新技术就迅速发展起来：

1971 年日本生产出微处理式 PLC；

1973 年欧洲开始生产 PLC；

1974 年我国开始研究 PLC；

20 世纪 80 年代 PLC 技术开始成熟，进入应用阶段。

早期的 PLC 设计虽然采用了计算机的设计思想，但只能进行逻辑控制，主要用于顺序控制，所以被称为可编程逻辑控制器（programmable logic controller），简称 PLC。近年来，随着微电子技术和计算机技术的迅猛发展，可编程控制器不仅能实现逻辑控制，还具备了数据处理及通信等功能，又改称为可编程控制器，简称 PC（programmable controller）。但由于 PC 容易和个人计算机（personal computer）相混淆，故人们仍习惯地用 PLC 作为可编程控制器的缩写。

2. PLC 的定义

可编程控制器（PLC）是作为传统继电-接触器的替代产品出现的。国际电工委员会（International Electrotechnical Committee，IEC）在其颁布的 PLC 标准草案中给 PLC 做了如下定义："可编程序控制器是一种数字运算操作的电子系统，专为工业环境而设计。它采用了可编程序的存储器，用来在其内部存储执行逻辑运算、顺序控制、定时、计数和算术运算等操作的指令，并通过数字式和模拟式的输入和输出控制各种类型机械的生产过程。它与有关外围设备都应按易于与工业系统连成一个整体、易于扩充其功能的原则设计。"PLC 将传统的继电-接触器控制技术和现代的计算机信息处理技术的优点有机结合起来，成为工业自动化领域中重要且应用较多的控制设备之一，与 CAD/CAM 技术和机器人技术并称为现代工业生产自动化三大支柱。常见 PLC 的外形如图 2-1-2 所示。

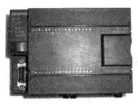

（a）西门子 PLC

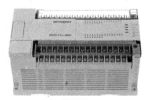

（b）欧姆龙 PLC   （c）三菱 PLC   （d）施耐德 PLC

图 2-1-2　常见 PLC 的外形

二、PLC 的主要特点

1. 可靠性高、抗干扰能力强

1）软件方面：PLC 系统程序能对硬件故障实现检测和判断（自我检测功能），出现故障时可及时发出报警信息，并且 PLC 使用软件编程，稳定性强。

2）硬件方面：输入、输出采用光电隔离技术，抗干扰能力强。

2. 编程简单易学

采用梯形图语言编程（梯形图与电气控制电路图相似），形象、直观，不需要掌握计算机知识，工程技术人员容易掌握。

3. 功能完善、通用性强

PLC 可进行逻辑运算、定时、计数、顺序控制、A/D 和 D/A 转换、数值运算、通信联网等功能。

4. 使用维护方便

PLC 的故障率极低，平均无故障时间可达几万个小时，维护工作量很小，并且 PLC 具有很强的自诊断功能，如果出现故障，可根据 PLC 上的指示或编程器上提供的故障信息，迅速查明原因，进行维护。

5. 体积小、质量小、功耗低

由于 PLC 是专门为工业控制而设计的，其结构紧凑、坚固，体积小巧，易于装入机械设备内部，是实现机电一体化的理想设备。

6. 设计施工周期短

PLC 用储存逻辑代替接线逻辑，大大减少了控制设备外部的接线，使控制系统设计及建造的周期大为缩短，同时维护也变得容易起来。

正是由于具有上述优点，PLC 受到了广泛的欢迎和快速发展。

三、PLC 的应用领域

目前，PLC 在国内外已经广泛应用于冶金、石油、化工、建材、机械制造、电力、汽车、轻工、环保及文化娱乐等行业，随着 PLC 性能价格比的不断提高，其应用领域还在不断扩大。从应用类型看，PLC 的应用大致可以归为以下五种类型。

1. 顺序控制

利用 PLC 最基本的逻辑运算、定时、计数等功能实现顺序控制，它可取代传统的继电-接触器控制，用于单机控制、多机群控制、自动生产线控制等，如机床、注塑机、印刷机械、装配生产线、电镀流水线及电梯的控制。这是 PLC 最基本的应用，也是 PLC 最广泛的应用领域。

2．运动控制

大多数 PLC 都有拖动步进电动机或伺服电动机的单轴或多轴位置控制模块，这一模块广泛应用于各种机械设备，如对各种机床、装配机械、机器人等进行运动控制。

3．过程控制

过程控制是指对温度、压力、流量等连续变化的模拟量的闭环控制。这一功能已广泛应用于锅炉、反应堆、水处理、酿酒及闭环位置控制和速度控制等方面。

4．数据处理

现代 PLC 具有数学运算、数据传送、数据转换、排序、查表等功能，可以完成数据的采集、分析及处理。数据处理一般用于大型控制系统，如造纸、冶金、食品工业中的一些大型控制系统等。

5．通信联网

PLC 的通信包括 PLC 与 PLC、PLC 与上位计算机、PLC 与其他智能设备（变频器、触摸屏等）之间的通信。PLC 系统与通用计算机可直接或通过通信处理单元、通信转换单元相连构成网络，以实现信息的交换，并可构成"集中管理、分散控制"的多级分布式控制系统，满足工厂自动化（factory automation，FA）系统发展的需要。

凡是涉及工业控制的地方，都会采用 PLC 来控制。它涉及人们生活的方方面面，包括人们从超市买的商品、用的数码产品、开的车、看的书等，生产—包装—传送—仓储—运输等环节都需要用 PLC 控制的自动化设备来完成。PLC 的应用领域如图 2-1-3 所示。

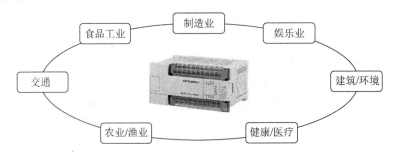

图 2-1-3　PLC 的应用领域

四、PLC 的分类

PLC 产品的种类很多，一般可按其结构形式、输入/输出（I/O）点数及功能进行分类。

1．按结构形式分类

由于 PLC 是专门为工业环境应用而设计的，为了便于现场安装和接线，其结构与一般计算机有很大的区别，主要有整体式和模块式两种结构形式。

整体式 PLC：如图 2-1-4 所示，将电源、中央处理器（central processing unit，CPU）、I/O 接口等部件都集中装在一个机箱内，具有结构紧凑、体积小、价格低等特点。

图 2-1-4　整体式 PLC

模块式 PLC：如图 2-1-5 所示，将 PLC 各组成部分分别做成若干单独的模块，如 CPU 模块、I/O 模块及各种功能模块。

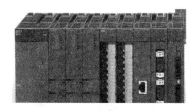 

图 2-1-5　模块式 PLC

2. 按 I/O 点数和内存容量分类

为适应不同工业生产过程的应用要求，PLC 能够处理的 I/O 点数是不一样的。按 I/O 点数的多少和内存容量的大小，可分为微型机、小型机、中型机、大型机、超大型机等几类。

1）微型机：I/O 点数小于 32。

2）微小型机：I/O 点数为 32～128。

3）小型机：I/O 点数为 128～256。

4）中型机：I/O 点数为 256～2048。

5）大型机：I/O 点数在 2048 以上。

6）超大型机：I/O 点数在 4000 以上。

在实际使用中，一般 PLC 功能的强弱与其 I/O 点数的多少是有关系的，即 PLC 的功能越强，其可配置的 I/O 点数越多，同时也表示 PLC 的档次也较高。

━━━━━━━━━━━━ 知 识 测 评 ━━━━━━━━━━━━

1. 填一填

（1）世界上第一台 PLC 的研制时间为_____。

（2）我国开始研究 PLC 的时间为_____。

（3）PLC 的主要生产厂家有_____。

2. 讲一讲

（1）PLC 具有哪些特点？

（2）PLC 是如何分类的？

（3）请举出生活中哪些地方有 PLC 技术的应用。

项目二　PLC 的结构及工作原理

学习目标

1. 学习掌握 PLC 的基本结构。

2. 学习掌握 PLC 的基本工作原理。

3. 了解三菱 FX_{2N} 系列 PLC。

一、PLC 的硬件基本组成

PLC 种类繁多，但其组成结构和工作原理基本相同。用 PLC 实施控制，其实质是按一定算法进行 I/O 变换，并将这个变换予以物理实现，应用于工业现场。PLC 专为工业现场应用而设计，采用了典型的计算机结构，它主要由 CPU、电源、存储器和专门设计的 I/O 接口电路等组成。PLC 硬件结构框图如图 2-2-1 所示。

1. CPU

CPU 是 PLC 的控制核心。在 PLC 中，CPU 是按照固化在 ROM 中的系统程序所设计的功能来工作的，它能监测和诊断电源、内部电路的工作状态和用户程序中的语法错误，并按照扫描方式执行用户程序。CPU 的主要任务包括以下几个方面。

1）用扫描的方式通过输入接口电路接收现场信号的状态或数据，存入输入映像寄存器。

2）诊断 PLC 内部电路的工作故障和编程中的语法错误等。

3）PLC 进入运行状态后，从存储器逐条读取用户指令，经过命令解释后按指令规定的任务进行数据传送、逻辑或算数运算。

4）根据运算结果，更新有关标志位的状态和输出映像寄存器的内容，再经输出部件实现输出控制、打印或数据通信等功能。

5）接收从编程器输入的用户程序和数据，送入存储器存储。

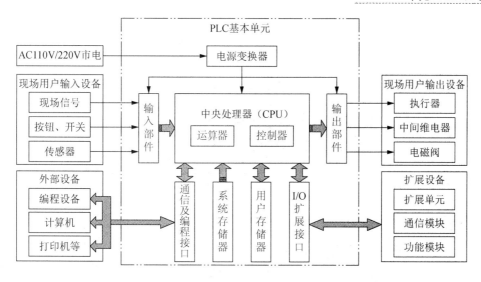

图 2-2-1　PLC 硬件结构框图

2. 存储器

PLC 的存储器分为系统程序存储器和用户程序存储器。存放系统软件（包括监控程序、模块化应用功能子程序、命令解释程序、故障诊断程序及其各种管理程序）的存储器称为系统程序存储器；存放用户程序（用户程序存储数据）的存储器称为用户程序存储器。

PLC 常用的存储器类型包括以下几种。

1）RAM 存储器：这是一种读/写存储器（随机存储器），其存取速度最快，由锂电池支持。

2）EPROM 存储器：这是一种可擦除的只读存储器。在断电情况下，存储器内的所有内容保持不变（在紫外线连续照射下可擦除存储器内容）。

3）EEPROM 存储器：这是一种电可擦除的只读存储器。使用编程器能很容易地对其所存储的内容进行修改。

3. I/O 接口电路

I/O 接口就是将 PLC 与现场各种 I/O 设备连接起来的部件。PLC 的优点之一是抗干扰能力强，这也是其 I/O 接口设计的优点，经过了电气隔离后，信号才送入 CPU 执行，防止现场的强电干扰进入。图 2-2-2 和图 2-2-3 所示为 I/O 接口电路。

PLC 三种常用输出形式的主要区别如下。

1）继电器输出接口可驱动交流或直流负载，但其响应时间长，动作频率低。

2）晶体管输出接口只能驱动直流负载，其响应时间短，速度快，动作频率高。

3）双向晶闸管输出接口只能驱动交流负载，其响应时间短，速度快，动作频率高。

4. 通信接口

PLC 配有各种通信接口，这些通信接口一般带有通信处理器。PLC 通过这些通信接口可与监视器、打印机、其他 PLC、计算机等设备实现通信。

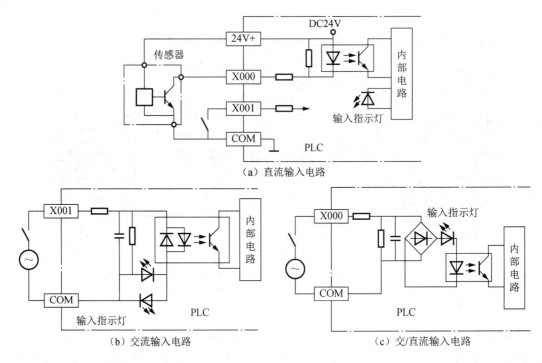

（a）直流输入电路

（b）交流输入电路

（c）交/直流输入电路

图 2-2-2　输入接口电路

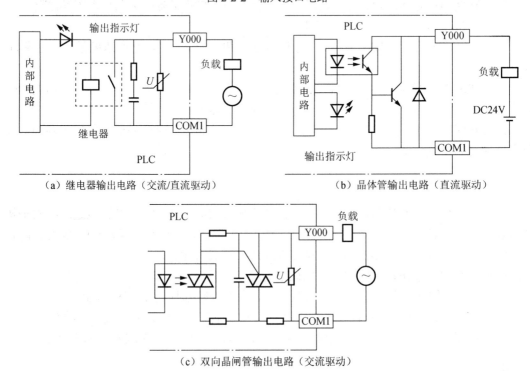

（a）继电器输出电路（交流/直流驱动）

（b）晶体管输出电路（直流驱动）

（c）双向晶闸管输出电路（交流驱动）

图 2-2-3　输出接口电路

5. 编程装置

编程装置的作用是编程、调试、输入用户程序，在线监控 PLC 的内部状态和参数，与 PLC 进行人机对话，它是开发、维护 PLC 不可缺少的工具。

6. 电源

PLC 一般使用 220V 交流电源或 24V 直流电源，内部的开关电源为 PLC 的 CPU、存储器等电路提供 5V、±12V、24V 等直流电源。整体式的小型 PLC 还对外提供 24V 直流电源，供外部传感器使用。

7. 其他外部设备

PLC 还有许多外部设备，如 EPROM 写入器、外存储器、人机接口装置等。

二、PLC 的基本工作原理

PLC 采用"顺序扫描，不断循环"的工作方式。对每个程序，CPU 从第一条指令开始执行，按指令步序号做周期性的程序循环扫描，如果无跳转指令，则从第一条指令开始逐条执行用户程序，直至遇到结束符后又返回第一条指令，如此周而复始不断循环，每一个循环称为一个扫描周期。扫描周期的长短主要取决于以下几个因素：一是 CPU 执行指令的速度；二是执行每条指令占用的时间；三是程序中指令条数的多少。

除了执行用户程序之外，在每次循环中，PLC 还要完成内部处理、通信处理等工作，一次循环可分为 5 个阶段，如图 2-2-4 所示。

图 2-2-4　PLC 循环扫描示意图

1）内部处理：又称自诊断，是指 PLC 加电运行执行用户程序前，先对自身工作状态进行自检，若发现故障，则显示出错。

2）通信服务：又称通信操作，主要检查与编程器或计算机的连接是否正常及是否有通信要求。

3）输入处理：又称输入刷新。在这一阶段，CPU 扫描全部输入端口，读取其状态并写入输入状态寄存器。完成输入端刷新工作后，关闭输入端口，转入程序执行阶段。在程序执行期间即使输入端状态发生变化，输入状态寄存器的内容也不会改变，而这些变化必须等到下一工作周期的输入刷新阶段才能被读入。

4）程序执行：在程序执行阶段，根据用户输入的控制程序，从第一条开始逐步执行，并将相应的逻辑运算结果存入对应的内部辅助寄存器和输出状态寄存器。当最后一条控制程序执行完毕后，即转入输入刷新阶段。

5）输出处理：又称输出刷新。当所有指令执行完毕后，将输出状态寄存器中的内容依次送到输出锁存电路（输出映像寄存器），并通过一定的输出方式输出，驱动外部相应执行元件工作，这才形成 PLC 的实际输出。

三、PLC 的工作状态、扫描周期及 I/O 响应滞后现象

1. 工作状态

PLC 有两种基本的工作状态，即运行（RUN）状态与停止（STOP）状态。运行状态是执行应用程序的状态。停止状态一般用于程序的编制与修改。由图 2-2-4 可知，在这两个不同的工作状态下，扫描过程所要完成的任务是不相同的。

2. 扫描周期

扫描周期即完成一次循环扫描所需的时间，一个完整的循环扫描周期 T 应为

$$T = 自诊断时间 + 与外部设备通信时间 + （I/O 点数）\times I/O 扫描速度$$
$$+ （程序步数）\times 程序的扫描速度$$

3. I/O 响应滞后现象

由于 PLC 在每个扫描周期只进行一次 I/O 刷新，即每一个扫描周期 PLC 只对输入、输出状态寄存器更新一次，所以系统存在输入、输出滞后现象，这在一定程度上降低了系统的响应速度。但是由于其对 I/O 的变化每个周期只输出刷新一次，并且只对有变化的进行刷新，这对一般的开关量控制系统来说是完全允许的，不但不会造成影响，还会提高抗干扰能力。这是因为输入采样阶段仅在输入刷新阶段进行，PLC 在一个工作周期的大部分时间是与外部设备隔离的，而工业现场的干扰常常是脉冲、短时间的，误动作将大大减少。但是在快速响应系统中就会造成响应滞后现象，所以一般 PLC 都会采取高速模块。

四、三菱 FX_{2N} 系列 PLC 简介

1. 三菱系列 PLC 产品的发展

三菱公司的 PLC 产品主要有 FX 系列、A 系列、Q 系列和 L 系列。FX 系列 PLC 是三菱公司推出的小型产品，FX 系列家族成员有 FX_{1S}、FX_{1N}、FX_{2N}、FX_{3U} 和 FX_{3G}。

FX_{2N} 系列是第二代产品，它的基本指令执行时间为 $0.08\mu s/$步。

FX 系列 PLC 的型号命名基本格式如下：

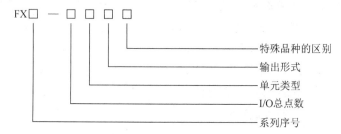

（1）FX 系列 PLC 型号说明

1）系列序号：0、0S、0N、2、2C、1S、2N、2NC。

2）I/O 总点数：16～256。

3）单元类型：

M——基本单元；

E——输入、输出混合扩展单元或扩展模块；

EX——输入专用扩展模块；

EY——输出专用扩展模块。

4）输出形式：

R——继电器输出；

T——晶体管输出；

S——双向晶闸管输出。

5）特殊品种的区别：

D——DC 电源，DC 输入；

A1——AC 电源，AC 输入；

H——大电流输出扩展模块（1A/1 点）；

V——立式端子排的扩展模块；

C——接插口输入、输出方式；

F——输入滤波器 1ms 的扩展模块；

L——TTL 输入扩展模块；

S——独立端子（无公共端）扩展模块。

若特殊品种一项无符号，通指 AC 电源、DC 输入、横排端子排。继电器输出：2A/点。晶体管输出：0.5A/点。晶闸管输出：0.3A/点。

（2）FX 系列 PLC 的构成

FX 系列 PLC 由基本单元、扩展单元、扩展模块及特殊功能单元构成。

1）基本单元包括 CPU、存储器、I/O 模块及电源，是 PLC 的主要部分。

2）扩展单元是用于增加 PLC I/O 点数的装置，内部设有电源，无 CPU ，必须与基本单元一起使用。

3）扩展模块用于增加 PLC I/O 点数及改变 PLC I/O 点数比例，内部无电源，无 CPU，必须与基本单元一起使用。

4）特殊功能单元是一些专门用途的装置。

2. 认识 FX$_{2N}$-48MR 型 PLC

PLC 的种类和型号很多，外部的结构也各有特点，但不管哪种类型，PLC 的外部结构基本包括 I/O 端口（用于连接外围 I/O 设备）、PLC 与编程器连接口、PLC 执行方式开关、LED 指示灯（包括 I/O 指示灯、电源指示灯、PLC 运行指示灯和 PLC 程序自检错误指示灯）和 PLC 通信连接与拓展接口等。图 2-2-5 所示为 FX$_{2N}$-48MR 型 PLC 的外部结构。

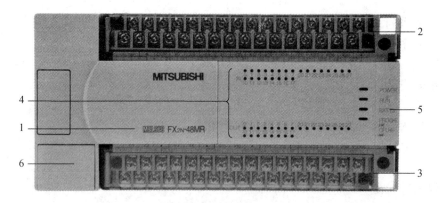

图 2-2-5 FX$_{2N}$-48MR 型 PLC 的外部结构

1—PLC 的型号；2—输入接线端子；3—输出接线端子；4—输入/输出动作指示灯；5—状态指示灯；
6—通信接口、PLC 工作方式手动选择开关

（1）PLC 的型号含义

FX——系列号，是由日本三菱电机公司研制的小型 PLC。

2N——子系列号。

48——输入/输出的总点数，FX$_{2N}$ 系列输入/输出为 16～256 点。

M——基本单元。

R——继电器输出。

（2）输入接线端子

输入接线端子包括 COM 端（输入公共端）、输入接线端（X000～X027）及电源接线端，主要用于连接外部控制信号。

（3）输出接线端

输出接线端包括输出公共端（COM1～COM5）、输出接线端（Y000～Y027），为分组式输出，用于连接被控设备。

（4）输入/输出动作指示灯

若某输入点接通，则相应的输入指示灯点亮。同样，若某输出信号被驱动，则对应的输出指示灯也点亮。

（5）状态指示灯

POWER：电源指示灯。

RUN：运行指示灯。

BATT.VA：电池电压下降指示灯。

PROG-E、CPU-E：出错指示灯，该灯闪烁时表示程序出错，该灯长亮时表示 CPU 出错。

（6）通信接口、PLC 工作方式手动选择开关

PLC 工作方式选择开关：可手动对 PLC 进行"运行（RUN）/停止（STOP）"的选择。

通信接口：用于 PLC 与外部设备通信及程序下载。

========== 知 识 测 评 ==========

1. 讲一讲

（1）简述 PLC 的硬件基本组成。
（2）简述 PLC 的工作原理。

2. 画一画

画出 PLC 循环扫描示意图。

项目三　FX₂ₙ 系列 PLC 的编程语言

学习目标

1. 了解 PLC 的编程语言。
2. 熟练掌握 PLC 几种常用的编程语言。

PLC 是一种工业控制计算机，其功能的实现不仅基于硬件的作用，更重要的是靠软件的支持。PLC 的软件由系统程序和用户程序组成。

系统程序由 PLC 制造厂商设计编写，并存入 PLC 的系统存储器中，用户不能直接读写与更改。系统程序一般包括系统诊断程序、输入处理程序、编译程序、信息传送程序、监控程序等。

PLC 的用户程序是用户利用 PLC 的编程语言，根据控制要求编制的程序。在 PLC 的应用中，最重要的是用 PLC 的编程语言来编写用户程序，以实现控制目的。由于 PLC 是专门为工业控制而开发的装置，其主要使用者是广大电气技术人员，为了满足他们的传统习惯和掌握能力，PLC 的主要编程语言采用比计算机语言相对简单、易懂、形象的专用语言。

PLC 编程语言是多种多样的，对于不同生产厂家、不同系列的 PLC 产品，采用的编程语言的表达方式也不相同。目前常用的编程语言有梯形图、指令表、顺序功能图、高级语言等。

一、梯形图

梯形图是一种以图形符号及图形符号在图中的相互关系表示控制关系的编程语言，它是从继电器控制电路图演变过来的，如表 2-3-1 所示。

表 2-3-1　继电器电路符号与梯形图符号对照表

符号名称	继电器电路符号	梯形图符号
动合触点	── ╲ ──	─┤├─
动断触点	── ╱ ──	─┤/├─
继电器线圈	──□──	─( )─

梯形图将继电器控制电路图进行简化，触点在电路中进行串并连接，同时加进了许多功能强大、使用灵活的指令，将微机的特点结合进去，使编程更加容易，而实现的功能却大大超过传统继电器控制电路图，是目前最普通的、使用最广泛的一种 PLC 编程语言，如图 2-3-1 所示。

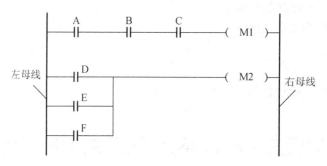

图 2-3-1　梯形图程序结构

二、指令表

指令表编程语言是与汇编语言类似的一种助记符编程语言，和汇编语言一样由操作码和操作数组成。在无计算机的情况下，适合采用 PLC 手持编程器对用户程序进行编制。同时，指令表编程语言与梯形图编程语言一一对应，在 PLC 编程软件下可以相互转换。梯形图与指令表的对应关系如图 2-3-2 所示。

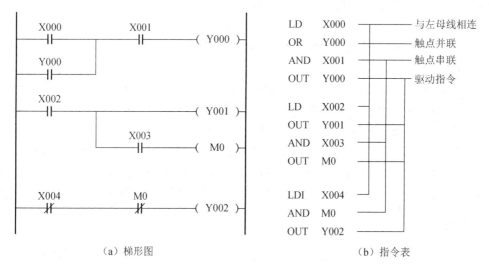

（a）梯形图　　　　　　　　　　　　　　（b）指令表

图 2-3-2　梯形图与指令表的对应关系

三、顺序功能图

顺序功能图（sequential function chart，SFC）是为了满足顺序逻辑控制而设计的编程语言。编程时将顺序流程动作的过程分成步和转移条件，根据转移条件对控制系统的功能流程顺序进行分配，一步一步地按照顺序动作。每一步代表一个控制功能任务，用方框表示。在方框内含有用于完成相应控制功能任务的梯形图逻辑。这种编程语言使程序结构清晰，易于阅读及维护，大大减轻编程的工作量，缩短编程和调试时间，用于系统规模较大、程序关系较复杂的场合。顺序功能图程序结构如图 2-3-3 所示。

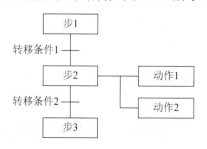

图 2-3-3 顺序功能图程序结构

四、其他语言

除了上述编程语言外，PLC 还可用逻辑图语言和高级语言编程，如 BASIC 语言、C 语言、PASCAL 语言等。

━━━ 知 识 测 评 ━━━

1. 练一练

分析图 2-3-4 和图 2-3-5 的工作原理，并将电气控制电路改写成梯形图程序。

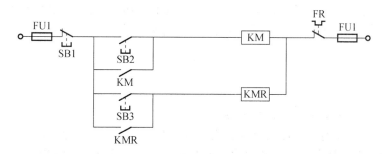

图 2-3-4 正反转控制电路（一）

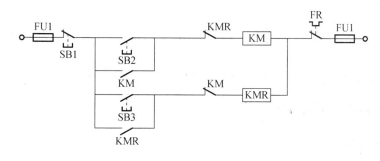

图 2-3-5 正反转控制电路（二）

2. 讲一讲

梯形图编程语言具有怎样的特点？

3. 填一填

符号名称	继电器电路符号	梯形图符号
动合触点		
动断触点		
线圈		

项目四　FX$_{2N}$ 系列 PLC 的编程软元件

📚 学习目标

1. 了解 PLC 编程元件的划分。
2. 熟悉 PLC 常用的编程元件。
3. 掌握 PLC 编程元件的使用。

一、FX$_{2N}$ 系列 PLC 编程元件的分类和编号

PLC 是按照电气继电控制线路设计思想，借助于大规模集成电路和计算机技术开发的一种新型工业控制器。其内部编程元件可看成不同功能的继电器（即软继电器），由这些软继电器执行指令，从而实现 PLC 的各种控制功能。编程元件与继电-接触器元件的比较如下。

1. 相同点

1）都具有线圈和动合触点、动断触点。

2）触点的状态随着线圈的状态而变化，即当线圈被选中（通电）时，动合触点闭合，动断触点断开；当线圈失去选中条件时，动断触点接通，动合触点断开。

2. 不同点

1）编程元件被选中，只是代表这个元件的存储单元置 1；失去选中条件只是代表这个元件的存储单元置 0。

2）可以无限次地访问编程元件，PLC 的编程元件可以有无数多个动合触点、动断触点。

二、FX$_{2N}$ 系列 PLC 内部软元件

1. 输入继电器（X）

PLC 输入接口的一个接线点对应一个输入继电器。输入继电器的线圈只能由机外信号驱动，它可提供无数个动合触点、动断触点供编程时使用。如图 2-4-1 所示，FX$_{2N}$ 系列的输入继电器采用八进制地址编号，X0（在 GX Developer 软件中输入"X0"，自动生成"X000"，参见项目六中图 2-6-5 和图 2-6-6）～X267 最多可达 184 点。

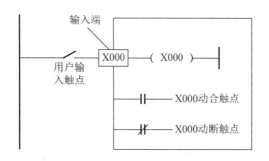

图 2-4-1　输入继电器 X 内部结构

2. 输出继电器（Y）

PLC 输出接口的一个接线点对应一个输出继电器。输出继电器的线圈只能由程序驱动，每个输出继电器除了为内部控制电路提供编程用的动合触点、动断触点外，还为输出电路提供一个动合触点与输出接线端连接。驱动外部负载的电源由用户提供。图 2-4-2 所示为输出继电器的内部结构。输出继电器的地址编号也是八进制，Y0～Y267，最多可达 184 点。

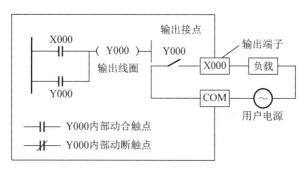

图 2-4-2　输出继电器的内部结构

3. 辅助继电器（M）

辅助继电器与接触-继电器控制系统中的中间继电器相似，它既不能接收外部信号，也不能驱动外部输出，其动合/动断触点在 PLC 内部编程时可无限次使用。辅助继电器可分为以下三类：

$$辅助继电器（M）\begin{cases} 通用辅助继电器 \\ 断电保持型辅助继电器 \\ 特殊辅助继电器 \end{cases}$$

（1）通用辅助继电器（M0～M499）

通用辅助继电器共 500 点，通用辅助继电器在 PLC 运行时，如果电源突然断电，则全部线圈断电，即它们没有断电保护功能。通过参数设定，可以将其变为断电保持型。

（2）断电保持型辅助继电器（M500～M3071）

断电保持型辅助继电器共 2572 点，它与通用辅助继电器的区别在于有断电保护功能，即能记忆电源中断瞬间的状态，并在重新通电后再现其状态，其原因在于电源中断时用 PLC

中的锂电池保持它们映像寄存器中的内容。

（3）特殊辅助继电器

FX$_{2N}$ 系列中共有 256 个特殊辅助继电器，可分成触点型和线圈型两类。

1）触点型：其线圈由 PLC 自行驱动，用户只可使用其触点。

① M8000：运行监视器，PLC 运行时接通，M8001 与 M8000 逻辑相反。

② M8002：初始脉冲（仅在 PLC 运行开始时瞬间接通），M8003 与 M8002 逻辑相反。

③ M8011、M8012、M8013 和 M8014 分别产生 10ms、100ms、1s 和 1min 的时钟脉冲。

2）线圈型：由用户程序驱动线圈后 PLC 执行特定的动作。

① M8033：若使其线圈得电，则 PLC 停止时保持输出映像寄存器和数据寄存器内容。

② M8034：若使其线圈得电，则将 PLC 的输出全部禁止。

③ M8039：若使其线圈得电，则 PLC 按 D8039 中指定的扫描时间工作。

4. 状态继电器（S）

状态继电器用来记录系统运行中的状态，是编制顺序控制程序的重要编程元件，它与步进顺控指令 STL 配合应用。

1）初始状态继电器 S0～S9，共 10 点。

2）回零状态继电器 S10～S19，共 10 点。

3）通用状态继电器 S20～S499，共 480 点，没有断电保持功能，但是用程序可以将它们设定为有断电保持功能状态。

4）断电保持状态继电器 S500～S899，共 400 点。

5）报警用状态继电器 S900～S999，共 100 点。

在使用状态继电器时应注意以下几点。

1）状态继电器与辅助继电器一样有无数个动合/动断触点。

2）状态继电器不与步进顺控指令 STL 配合使用时，可作为辅助继电器 M 使用。

3）FX$_{2N}$ 系列 PLC 可通过程序设定将 S20～S499 设置为有断电保持功能的状态继电器。

5. 定时器（T）

定时器在 PLC 中相当于一个时间继电器，由设定值寄存器、当前值寄存器和定时器触点组成。在其当前值寄存器的值等于设定值寄存器的值时，定时器触点动作。

定时器分为通用定时器和累积型定时器两种，时间单位有 1ms、10ms 和 100ms 三种。定时器设定值可以直接用常数 K 或间接用数据寄存器 D 的内容作为设定值。定时器的定时时间为

$$T = K（定时器的设定值）\times 时间单位$$

例如，T0（为 100ms 的定时器）设定值为 10，则实际定时时间为 $T=100\times10=1000$（ms）。

（1）通用定时器（T0～T245）

100ms 定时器 T0～T199，共 200 点，定时时间为 0.1～3276.7s。

10ms 定时器 T200～T245，共 46 点，定时时间为 0.01～327.67s。

通用定时器的动作过程如图 2-4-3 所示。

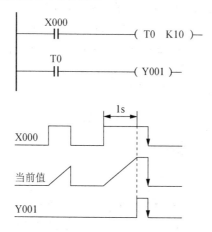

图 2-4-3　通用定时器的动作过程

（2）累积定时器（T246～T255）

1ms 累积定时器 T246～T249，共 4 点，定时时间为 0.001～32.767s。

100ms 累积定时器 T250～T255，共 6 点，定时时间为 0.1～3276.7s。

累积定时器的动作过程如图 2-4-4 所示。

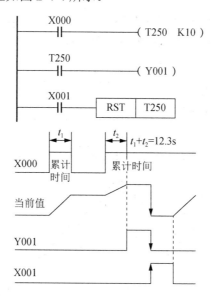

图 2-4-4　累积定时器的动作过程

6．计数器（C）

FX$_{2N}$ 系列计数器分为内部计数器和外部高速计数器。内部计数器是对机内组件（X、

Y、M、S、T 和 C）的信号计数，由于机内组件信号的频率低于扫描频率，因而是低速计数器，也称普通计数器。对高于机器扫描频率的外部信号进行计数时，需要用机内的高速计数器。

（1）内部计数器（C0～T234）

内部计数器又分为两种：16 位递加计数器和 32 位增/减计数器。

16 位递加计数器，设定值为 1～32767。其中，C0～C99 共 100 点是通用型，C100～C199 共 100 点是断电保持型。图 2-4-5 所示为 16 位递加计数器的动作过程。

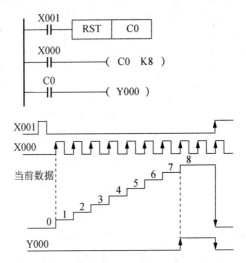

图 2-4-5　16 位递加计数器的动作过程

32 位增/减计数器，设定值为 −2147483648～+2147483647，其中 C200～C219 共 20 点是通用型，C220～C234 共 15 点为断电保持型计数器。图 2-4-6 为 32 位增/减计数器的动作过程。

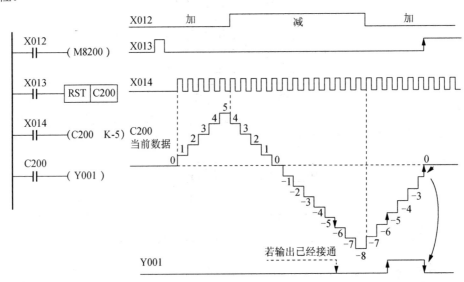

图 2-4-6　32 位增/减计数器的动作过程

（2）外部高速计数器（C235～T255）

1）外部高速计数器的特点：

① 高速计数器是采用中断方式进行高速计数的，与 PLC 的扫描周期无关；

② 高速计数器是对特定的输入进行计数的（如 FX$_{2N}$ 为 X0～X5）；

③ 高速计数器为 32 位增/减计数型，具有停电保持功能（设定值范围为 −2147483648～+2147483647）。

2）外部高速计数器的分类：

① 1 相（无启动/复位端子）单输入：C235～C240，共 6 点；

② 1 相（带启动/复位端子）单输入：C241～C245，共 5 点；

③ 1 相双计数输入型：C246～C250，共 5 点；

④ 2 相双计数输入型：C251～C255，共 5 点。

7. 数据寄存器（D）

在进行输入/输出处理、模拟量控制、位置控制时，需要许多数据寄存器存储数据和参数。数据寄存器为 16 位，最高位为符号位，可用两个数据寄存器合并起来存放 32 位数据，最高位仍为符号位。

数据寄存器分成下面几类。

1）通用数据寄存器：D0～D199，共 200 点。

2）断电保持/锁存寄存器：D200～D7999，共 7800 点。

3）特殊数据寄存器：D8000～D8255，共 256 点。

4）文件数据寄存器：D1000～D7999，共 7000 点。

8. 变址寄存器（V/Z）

变址寄存器除了和普通的数据寄存器有相同的使用方法外，还常用于修改器件的地址编号。V、Z 都是 16 位的寄存器，可进行数据的读写。当进行 32 位操作时，将 V、Z 合并使用，指定 Z 为低位。

9. 指针（P/I）

指针用作跳转、中断等程序的入口地址，与跳转、子程序、中断程序等指令一起应用，按用途可分为分支用指针 P 和中断用指针 I 两类，其中中断用指针 I 又可分为输入中断用、定时器中断用和计数器中断用三种。

分支用指针 P0～P62、P64～P127，共 127 点。其中，指针 P0～P62、P64～P127 为标号，用来指定条件跳转、子程序调用等分支指令的跳转目标。P63 用来结束跳转。

中断用指针 I0□□～I8□□，共 9 点。其中，输入中断 6 点，定时器中断 3 点。FX$_{2N}$ 系列 PLC 指针种类及地址分配如表 2-4-1 所示。

表 2-4-1　FX$_{2N}$ 系列 PLC 指针种类及地址分配

分支用指针	中断用指针		
	输入中断用	定时器中断用	计数器中断用
P0～P127 128 点	I00□（X000） I10□（X001） I20□（X002） I30□（X003） I40□（X004） I50□（X005） 6 点	I6□□ I7□□ I8□□ 3 点	I010 I020 I030 I040 I050 I060 6 点

■■■ 知 识 测 评 ■■■

讲一讲

（1）PLC 的主要软元件有哪些？

（2）FX$_{2N}$ 有哪些内部定时器和计数器？各是怎样使用的？

（3）结合实训室中的 PLC 实物，介绍 PLC 的基本构成。

项目五　FX$_{2N}$ 系列 PLC 的基本逻辑指令及应用

学习目标

1. 了解、认识并掌握 FX$_{2N}$ 系列 PLC 27 条基本指令。

2. 熟悉基本逻辑指令的使用方法。

3. 会将梯形图程序与指令表程序相互转换。

　　PLC 是按照用户的控制要求来编写程序进行控制的。程序的编写就是用一定的编程语言把一个控制任务描述出来。PLC 编程语言中，程序的表达方式有几种：梯形图、指令表、顺序功能图和高级语言，但常用的语言是梯形图和指令表。梯形图是一种图形语言，它沿用了传统的继电器控制系统的形式，读图方法和习惯也相同，所以梯形图比较形象和直观，便于被熟悉继电器控制系统的技术人员接受。指令表一般由助记符和操作元件组成，助记符是每一条基本指令的符号，表示不同的功能；操作元件是基本指令的操作对象。本项目的主要内容是介绍 FX$_{2N}$ 的基本指令形式、功能和编程方法。

一、基本指令的类型

　　FX$_{2N}$ 系列 PLC 的基本顺控指令和步进梯形图指令的种类及其功能如表 2-5-1 所示。

表 2-5-1　FX$_{2N}$ 系列 PLC 基本指令一览表

助记符	功能	格式和操作软元件
LD 取	动合触点逻辑运算起始（动合触点与左母线连接）	XYMSTC
LDI 取反	动断触点逻辑运算起始（动断触点与左母线连接）	XYMSTC
LDP 取脉冲上升沿	上升沿检测（检测到信号的上升沿时闭合一个扫描周期）	XYMSTC
LDF 取脉冲下降沿	下降沿检测（检测到信号的下降沿时闭合一个扫描周期）	XYMSTC
AND 与	串联连接（动合触点与其他触点或触点组串联连接）	XYMSTC
ANI 与非	串联连接（动断触点与其他触点或触点组串联连接）	XYMSTC
ANDP 与脉冲上升沿	上升沿串联连接（检测到位软元件上升沿信号时闭合一个扫描周期）	XYMSTC　（Y000）
ANDF 与脉冲下降沿	下降沿串联连接（检测到位软元件下降沿信号时闭合一个扫描周期）	XYMSTC　（Y000）
OR 或	并联连接（动合触点与其他触点或触点组并联连接）	XYMSTC
ORI 或非	并联连接（动断触点与其他触点或触点组并联连接）	XYMSTC
ORP 或脉冲上升沿	脉冲上升沿检测并联连接（检测到位软元件上升沿信号时闭合一个扫描周期）	XYMSTC
ORF 或脉冲下降沿	脉冲下降沿检测并联连接（检测到位软元件下降沿信号时闭合一个扫描周期）	XYMSTC
ANB 电路块与	并联电路块的串联连接（电路块与其他触点或触点组串联连接）	
ORB 电路块或	串联电路块的并联连接（电路块与其他触点或触点组并联连接）	
OUT 输出	线圈驱动	（YMSTC）
SET 置1	使线圈接通并保持动作	[SET　YMS]
RST 复零	使线圈断开，消除动作保持，寄存器清零	[RST　YMSTCI]
PLS 上升沿脉冲	上升沿微分输出（当检测到输入脉冲的上升沿时，指令的操作元件闭合一个扫描周期）	[PLS　YM]

续表

助记符	功能	格式和操作软元件
PLF 下降沿脉冲	下降沿微分输出（当检测到输入脉冲的下降沿时，指令的操作元件闭合一个扫描周期）	┤├ ─── [PLF YM]
MC 主控指令	公共串联接点的连接（将左母线临时移到一个所需位置，产生一临时左母线，形成主控电路块）	┤├ ─── [MC N YM] N=M
MCR 主控复位	公共串联接点的消除（取消临时左母线，将左母线返回原来的位置，结束主控电路块）	─── [MCR N]
MPS 进栈指令	进栈（将逻辑运算结果存入栈存储器，存储器中原来的存储结果依次向栈存储器下层推移）	┤├MPS ┤├ ─( )
MRD 读栈指令	读栈（将存储器一号单元的内容读出，且栈存储器中的内容不发生变化）	MRD ┤├ ─( )
MPP 出栈指令	出栈（将存储器中一号单元的结果取出，存储器中其他单元的数据依次向上推移）	MPP ┤├ ─( )
INV 取反	运算结果取反	┤├ INV/ ─( )
NOP 空操作	无动作	
END 结束	输入、输出处理及返回 0 步	─── [END]
STL 步进开始	步进接点开始（将步进接点接到左母线）	S ┤STL├ ┤├ ─( )
RET 步进结束	步进接点结束（使副母线返回原来的左母线位置）	S ┤STL├ ┤├ ─( ) [RET]

二、基本指令的应用

基本指令是以位为单位的逻辑操作，是构成继电器控制电路的基础。FX$_{2N}$系列 PLC 的基本指令形式、功能和编程方法介绍如下。

1．LD、LDI、OUT 指令

LD、LDI、OUT 指令功能如表 2-5-2 所示。

表 2-5-2　基本指令功能表（一）

符号名称	功能	操作元件
LD 取	动合触点逻辑运算起始	X、Y、M、S、T、C
LDI 取反	动断触点逻辑运算起始	X、Y、M、S、T、C
OUT 输出	线圈驱动	Y、M、S、T、C

【例 2-5-1】分析图 2-5-1 所示梯形图的工作原理。

（1）例题解释

1）当 X0 接通时，Y0 接通。

2）当 X1 断开时，Y1 接通。

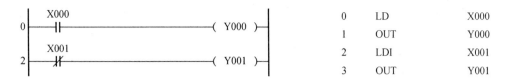

图 2-5-1   例 2-5-1 示意图

（2）指令说明

1）LD 和 LDI 指令用于将动合触点和动断触点接到左母线上。

2）LD 和 LDI 在电路块分支起点处也使用。

3）OUT 指令是对输出继电器、辅助继电器、状态继电器、定时器、计数器的线圈驱动指令，不能用于驱动输入继电器，因为输入继电器的状态是由输入信号决定的。

4）OUT 指令可做多次并联使用，如图 2-5-2 所示。

5）定时器的计时线圈或计数器的计数线圈使用 OUT 指令后，必须设定值（常数 K 或指定数据寄存器的地址号），如图 2-5-2 所示。

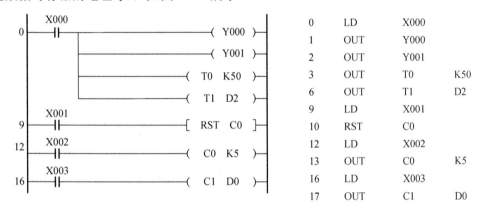

图 2-5-2   LD/LDI/OUT 指令使用说明

2. AND、ANI 指令

AND、ANI 指令功能如表 2-5-3 所示。

表 2-5-3   基本指令功能表（二）

符号名称	功能	操作元件
AND 与	动合触点串联连接	X、Y、M、S、T、C
ANI 与非	动断触点串联连接	X、Y、M、S、T、C

【例 2-5-2】分析图 2-5-3 所示梯形图的工作原理。

（1）例题解释

1）当 X0 接通，X2 接通时，Y0 接通。

2）当 X1 断开，X3 接通时，Y2 接通。

3）当 X4 接通，X5 断开时，Y3 接通。

4）X6 断开，X7 断开，同时达到 2.5s 时间，T1 接通，Y4 接通。

0	LD	X000	
1	AND	X002	
2	OUT	Y000	
3	LDI	X001	
4	AND	X003	
5	OUT	Y002	
6	LD	X004	
7	ANI	X005	
8	OUT	Y003	
9	LDI	X006	
10	ANI	X007	
11	OUT	T1	K25
14	AND	T1	
15	OUT	Y004	

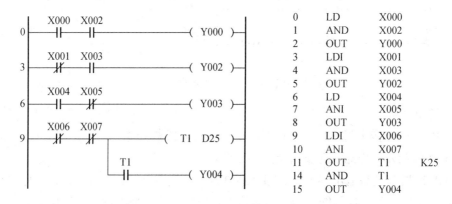

图 2-5-3　例 2-5-2 示意图

（2）指令说明

1）AND、ANI 指令可进行 1 个触点的串联连接。串联触点的数量不受限制，可以连续使用。

2）OUT 指令之后，通过触点对其他线圈使用 OUT 指令，称为纵接输出。这种纵接输出如果顺序不错，可多次重复使用；如果顺序颠倒，就必须用后面要学到的指令（MPS/MRD/MPP），如图 2-5-4 所示。

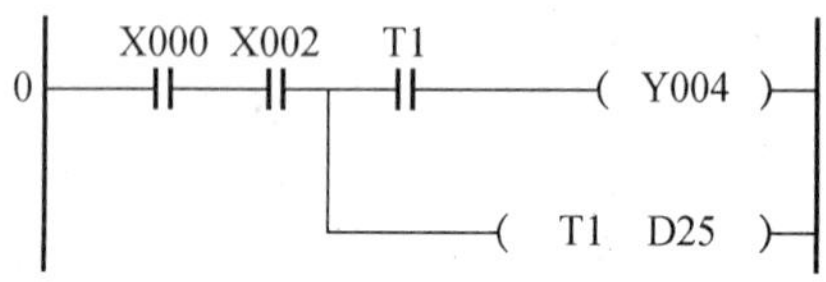

0	LD	X000	
1	AND	X002	
2	MPS		
3	ADN	T1	
4	OUT	Y004	
5	MPP		
6	OUT	T1	K20

图 2-5-4　AND/ANI 指令使用说明

3）当继电器的动合触点或动断触点与其他继电器的触点组成的电路块串联时，也使用 AND 指令或 ANI 指令。

电路块：就是由几个触点按一定的方式连接的梯形图。由两个或两个以上的触点串联而成的电路块，称为串联电路块；由两个或两个以上的触点并联而成的电路块，称为并联电路块；触点的混联称为混联电路块。

3. OR、ORI 指令

OR、ORI 指令功能如表 2-5-4 所示。

表 2-5-4　基本指令功能表（三）

符号名称	功能	操作元件
OR 或	动合触点并联连接	X、Y、M、S、T、C
ORI 或非	动断触点并联连接	X、Y、M、S、T、C

【例2-5-3】分析图2-5-5所示梯形图的工作原理。

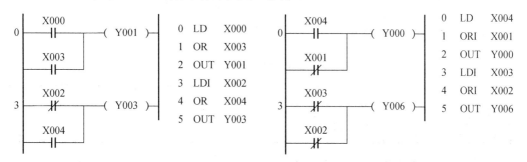

图2-5-5　例2-5-3示意图

（1）例题解释

1）当X0或X3接通时，Y1接通。

2）当X2断开或X4接通时，Y3接通。

3）当X4接通或X1断开时，Y0接通。

4）当X3或X2断开时，Y6接通。

（2）指令说明

1）OR、ORI指令用作1个触点的并联连接指令。

2）OR、ORI指令可以连续使用，并且不受使用次数的限制。

3）OR、ORI指令是从该指令的步开始，与前面的LD、LDI指令步进行并联连接。

4）当继电器的动合触点或动断触点与其他继电器的触点组成的混联电路块并联时，也可以用这两个指令，如图2-5-6和图2-5-7所示。

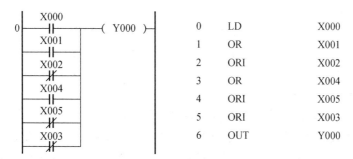

图2-5-6　OR/ORI指令使用说明（一）

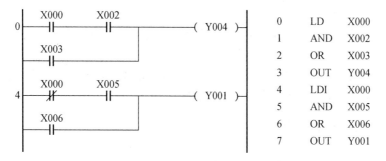

图2-5-7　OR/ORI指令使用说明（二）

4. 串联电路块并联指令 ORB、并联电路块串联指令 ANB

ORB、ANB 指令功能如表 2-5-5 所示。

表 2-5-5　基本指令功能表（四）

符号名称	功能	操作元件
ORB 电路块或	串联电路块的并联连接	无
ANB 电路块与	并联电路块的串联连接	无

【例 2-5-4】分析图 2-5-8 所示梯形图的工作原理。

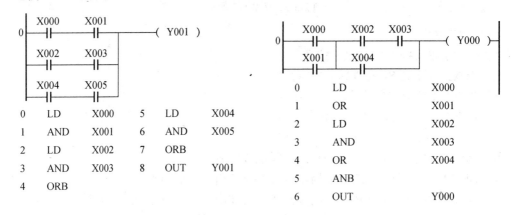

图 2-5-8　例 2-5-4 示意图

（1）例题解释

1）X0 与 X1、X2 与 X3、X4 与 X5 任一电路块接通，Y1 接通。

2）X0 或 X1 接通，X2 与 X3 接通或 X4 接通，Y0 都可以接通。

（2）指令说明

1）ORB、ANB 无操作软元件。

2）2 个以上的触点串联连接的电路称为串联电路块。

3）将串联电路并联连接时，分支开始用 LD、LDI 指令，分支结束用 ORB 指令。

4）ORB、ANB 指令是无操作元件的独立指令，它们只描述电路的串并联关系。

5）有多个串联电路时，若对每个电路块使用 ORB 指令，则串联电路没有限制，如图 2-5-8 和图 2-5-9 所示程序。

6）若多个并联电路块按顺序和前面的电路串联连接，则 ANB 指令的使用次数没有限制，如图 2-5-10 所示。

7）使用 ORB、ANB 指令编程时，也可以采取 ORB、ANB 指令连续使用的方法，但只能连续使用不超过 8 次，在此建议不使用此法。

5. 分支多重输出 MPS、MRD、MPP 指令

MPS、MRD、MPP 指令功能如表 2-5-6 所示。

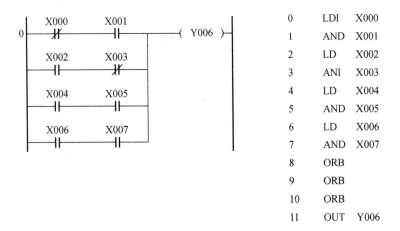

图 2-5-9　ORB/ANB 指令使用说明（一）

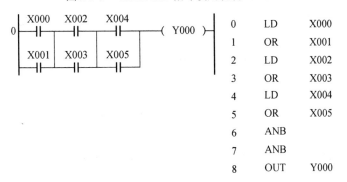

图 2-5-10　ORB/ANB 指令使用说明（二）

表 2-5-6　基本指令功能表（五）

符号名称	功能	操作元件
MPS 进栈	将连接点数据入栈	无
MRD 读栈	读栈存储器栈顶数据	无
MPP 出栈	取出栈存储器栈顶数据并清除	无

　　栈操作指令用于多重输出电路，FX 系列的 PLC 有 11 个栈存储器，用来存放运算中间结果的存储区域称为堆栈存储器。

　　使用一次 MPS 就将此刻的运算结果送入堆栈的第一段，而将原来的第一层存储的数据移到堆栈的下一段。

　　MRD 只用来读出堆栈最上段的最新数据，此时堆栈内的数据不移动。

　　使用 MPP 指令，各数据向上一段移动，最上段的数据被读出，同时这个数据就从堆栈中清除。

　　【例 2-5-5】分析图 2-5-11 所示梯形图的工作原理。

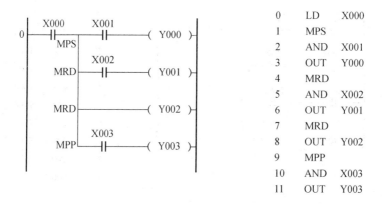

图 2-5-11　例 2-5-5 示意图

（1）例题解释

1）当公共条件 X0 闭合时，X1 闭合则 Y0 接通；X2 接通则 Y1 接通；Y2 接通；X3 接通则 Y3 接通。

2）上述程序举例中可以用两种不同的指令形式，这个地方应给学生明确解释。

（2）指令说明

1）MPS、MRD、MPP 指令都不带操作元件。

2）MPS、MPP 指令可以重复使用，但是连续使用不能超过 11 次，且两者必须成对使用，缺一不可，MRD 指令有时可以不用。

3）MPS、MRD、MPP 指令之后若有单个动合触点或动断触点串联，则应该使用 AND 或 ANI 指令。

4）MPS、MRD、MPP 指令之后若有触点组成的电路块串联，则应该使用 ANB 指令，如图 2-5-12 所示。

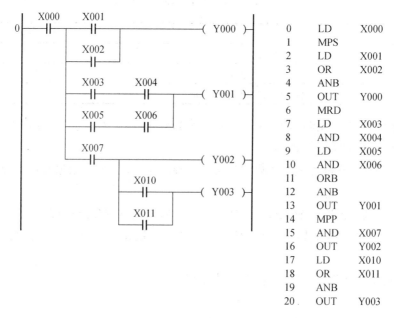

图 2-5-12　栈操作指令使用说明（一）

46

5）MPS、MRD、MPP 指令之后若无触点串联，直接驱动线圈，则应该使用 OUT 指令。

6）指令使用可以有多层堆栈。

编程例 1：一层堆栈指令如图 2-5-13 所示。

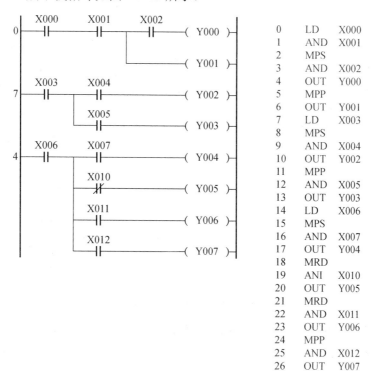

0	LD	X000
1	AND	X001
2	MPS	
3	AND	X002
4	OUT	Y000
5	MPP	
6	OUT	Y001
7	LD	X003
8	MPS	
9	AND	X004
10	OUT	Y002
11	MPP	
12	AND	X005
13	OUT	Y003
14	LD	X006
15	MPS	
16	AND	X007
17	OUT	Y004
18	MRD	
19	ANI	X010
20	OUT	Y005
21	MRD	
22	AND	X011
23	OUT	Y006
24	MPP	
25	AND	X012
26	OUT	Y007

图 2-5-13 栈操作指令使用说明（二）

编程例 2：两层堆栈指令如图 2-5-14 所示。

0	LD	X000
1	MPS	
2	AND	X001
3	MPS	
4	AND	X002
5	OUT	Y000
6	MPP	
7	AND	X003
8	OUT	Y001
9	MPP	
10	AND	X004
11	MPS	
12	AND	X005
13	OUT	Y002
14	MPP	
15	AND	X006
16	OUT	Y003

图 2-5-14 栈操作指令使用说明（三）

编程例 3：四层堆栈指令如图 2-5-15 所示。

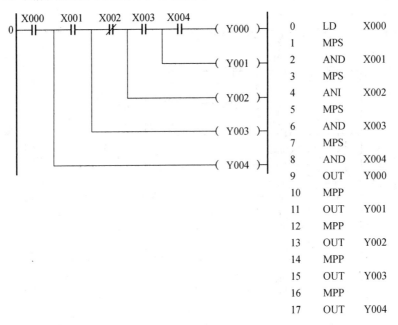

0	LD	X000
1	MPS	
2	AND	X001
3	MPS	
4	ANI	X002
5	MPS	
6	AND	X003
7	MPS	
8	AND	X004
9	OUT	Y000
10	MPP	
11	OUT	Y001
12	MPP	
13	OUT	Y002
14	MPP	
15	OUT	Y003
16	MPP	
17	OUT	Y004

图 2-5-15　栈操作指令使用说明（四）

思考：如果编程例 3 使用纵接输出的形式就可以不采用 MPS 指令了，梯形图程序与指令表程序分别如何表示？

6. 主控指令 MC、MCR

MC、MCR 指令功能如表 2-5-7 所示。

表 2-5-7　基本指令功能表（六）

符号名称	功能	操作元件
MC 主控	将连接点数据入栈	除了特殊辅助继电器 M
MCR 主控复位	读栈存储器栈顶数据	除了特殊辅助继电器 M

在程序中常常会有这样的情况：多个线圈受一个或多个触点控制，若在每个线圈的控制电路中都要串入同样的触点，将占用多个存储单元，应用主控指令就可以解决这一问题。

【例 2-5-6】 分析图 2-5-16 所示梯形图的工作原理。

（1）例题解释

1）当 X0 接通时，执行主控指令 MC 到 MCR 的程序。

2）MC 至 MCR 之间的程序只有在 X0 接通后才能执行。

（2）指令说明

1）在上述程序中，输入 X0 接通时，直接执行从 MC 到 MCR 之间的程序；如果 X0 输入为断开状态，则根据不同的情况形成不同的形式：

保持当前状态：积算定时器（T63）、计数器、SET/RST 指令驱动的软元件；

断开状态：非积算定时器、用 OUT 指令驱动的软元件。

2）主控指令（MC）后，母线（LD、LDI）临时移到主控触点后，MCR 为其将临时母线返回原母线的位置的指令。

3）MC 指令后，必须用 MCR 指令使临时左母线返回原来位置。

4）MC/MCR 指令可以嵌套使用，即 MC 指令内可以再使用 MC 指令，但是必须使嵌套级编号从 N0 到 N7 按顺序增加，顺序不能颠倒；而主控返回则嵌套级标号必须从大到小，即按从 N7 到 N0 的顺序返回，不能颠倒，最后一定是 MCR N0 指令。

上述程序为无嵌套程序，操作元件 N 编程，且 N 在 N0～N7 之间任意使用，没有限制；有嵌套结构时，嵌套级 N 的地址号增序使用，即 N0～N7。

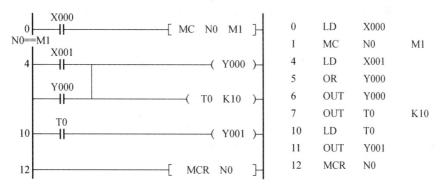

图 2-5-16 例 2-5-6 示意图

7. 置 1 指令 SET、复 0 指令 RST

SET、RST 指令功能如表 2-5-8 所示。

表 2-5-8 基本指令功能表（七）

符号名称	功能	操作元件
SET 置位	线圈接通保持指令	Y、M、S
RST 复位	线圈接通清除指令	Y、M、S、T、C、D、V、Z

在前面的学习中我们了解到了自锁，自锁可以使动作保持。下面要学习的指令也可以做到自锁控制，并且是在 PLC 控制系统中经常用到的一个比较方便的指令。

SET 指令称为置 1 指令：功能为驱动线圈输出，使动作保持，具有自锁功能。

RST 指令称为复 0 指令：功能为清除保持的动作，以及寄存器的清零。

【例 2-5-7】分析图 2-5-17 所示梯形图的工作原理。

图 2-5-17 例 2-5-7 示意图

（1）例题解释

1）当 X0 接通时，Y0 接通并自保持接通。

2）当 X1 接通时，Y0 清除保持。

（2）指令说明

1）在上述程序中，X0 如果接通，即使断开，Y0 也保持接通；X1 接通，即使断开，Y0 也不接通。

2）用 SET 指令使软元件接通后，必须要用 RST 指令才能使其断开。

3）如果两者对同一软元件操作的执行条件同时满足，则复 0 优先。

4）对数据寄存器 D、变址寄存器 V 和 Z 的内容清零时，也可使用 RST 指令。

5）积算定时器 T63 的当前值复 0 和触点复位也可用 RST。

8. 上升沿微分脉冲指令 PLS、下降沿微分脉冲指令 PLF

PLS、PLF 指令功能如表 2-5-9 所示。

表 2-5-9　基本指令功能表（八）

符号名称	功能	操作元件
PLS 上升沿脉冲	上升沿微分输出	Y、M
PLF 下降沿脉冲	下降沿微分输出	特 M 除外

脉冲微分指令主要用于信号变化的检测，即从断开到接通的上升沿和从接通到断开的下降沿信号的检测，如果条件满足，则被驱动的软元件产生一个扫描周期的脉冲信号。

PLS 指令：上升沿微分脉冲指令，当检测到逻辑关系的结果为上升沿信号时，驱动的操作软元件产生一个脉冲宽度为一个扫描周期的脉冲信号。

PLF 指令：下降沿微分脉冲指令，当检测到逻辑关系的结果为下降沿信号时，驱动的操作软元件产生一个脉冲宽度为一个扫描周期的脉冲信号。

【例 2-5-8】分析图 2-5-18 所示梯形图的工作原理。

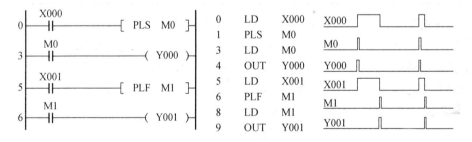

图 2-5-18　例 2-5-8 示意图

（1）例题解释

1）当检测到 X0 的上升沿时，PLS 的操作软元件 M0 产生一个扫描周期的脉冲，Y0 接通一个扫描周期。

2）当检测到 X1 的上升沿时，PLF 的操作软元件 M1 产生一个扫描周期的脉冲，Y1

接通一个扫描周期。

（2）指令说明

1）PLS 指令驱动的软元件只在逻辑输入结果由 OFF 到 ON 时动作一个扫描周期。

2）PLF 指令驱动的软元件只在逻辑输入结果由 ON 到 OFF 时动作一个扫描周期。

3）特殊辅助继电器不能作为 PLS、PLF 的操作软元件。

9．INV 取反指令

INV 指令是将即将执行 INV 指令之前的运算结果反转的指令，无操作软元件，如表 2-5-10 所示。

表 2-5-10　基本指令功能表（九）

INV 指令即将执行前的运算结果	INV 指令执行后的运算结果
OFF	ON
ON	OFF

【例 2-5-9】分析图 2-5-19 所示梯形图的工作原理。

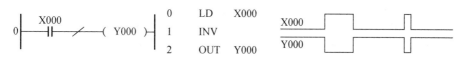

图 2-5-19　例 2-5-9 示意图

（1）例题解释

X0 接通，Y0 断开；X0 断开，Y0 接通。

（2）指令说明

编写 INV 取反指令需要前面有输入量，INV 指令不能直接与母线相连接，也不能如 OR、ORI、ORP、ORF 单独并联使用，如图 2-5-20 所示。

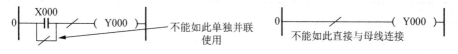

图 2-5-20　INV 指令使用说明（一）

1）可以多次使用，只是结果只有两个，要么通要么断，如图 2-5-21 所示。

图 2-5-21　INV 指令使用说明（二）

2）INV 指令只对其前的逻辑关系取反，如图 2-5-22 所示。

如图 2-5-22 所示，在包含 ORB 指令、ANB 指令的复杂电路中使用 INV 指令编程时，INV 的取反动作如表 2-5-10 中所示，将各个电路块开始处的 LD、LDI、LDP、LDF 指令以后的逻辑运算结果作为 INV 运算的对象。

10. 脉冲指令（LDP、LDF、ANDP、ANDF、ORP、ORF）

脉冲指令功能如表 2-5-11 所示。

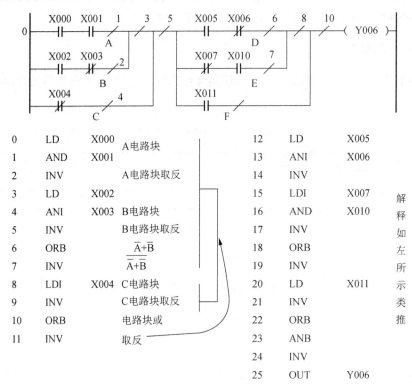

0	LD	X000	A电路块
1	AND	X001	
2	INV		A电路块取反
3	LD	X002	
4	ANI	X003	B电路块
5	INV		B电路块取反
6	ORB		$\overline{A}+\overline{B}$
7	INV		$\overline{\overline{A}+\overline{B}}$
8	LDI	X004	C电路块
9	INV		C电路块取反
10	ORB		电路块或
11	INV		取反

12	LD	X005	解
13	ANI	X006	释
14	INV		如
15	LDI	X007	左
16	AND	X010	所
17	INV		示
18	ORB		类
19	INV		推
20	LD	X011	
21	INV		
22	ORB		
23	ANB		
24	INV		
25	OUT	Y006	

图 2-5-22 INV 指令使用说明（三）

表 2-5-11 基本指令功能表（十）

符号名称	功能	操作元件
LDP 取脉冲	上升沿检测运算开始	
LDF 取脉冲	下降沿检测运算开始	
ANDP 与脉冲	上升沿检测串联连接	X、Y、M、S、T
ANDF 与脉冲	下降沿检测串联连接	
ORP 或脉冲	上升沿检测并联连接	
ORF 或脉冲	下降沿检测并联连接	

【例 2-5-10】 分析图 2-5-23 和图 2-5-24 所示梯形图的工作原理。

（1）例题解释

在图 2-5-23 所示程序里，X0 或 X1 由 OFF→ON 时，M1 仅闭合一个扫描周期；X2 由 OFF→ON 时，M2 仅闭合一个扫描周期。

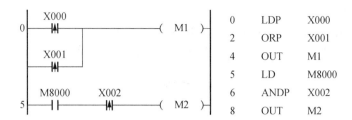

图 2-5-23 例 2-5-10 示意图（一）

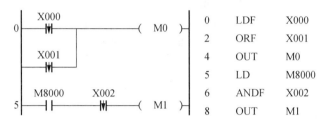

图 2-5-24 例 2-5-10 示意图（二）

在图 2-5-24 所示程序里，X0 或 X1 由 ON→OFF 时，M0 仅闭合一个扫描周期；X2 由 ON→OFF 时，M1 仅闭合一个扫描周期。

所以上述两个程序都可以使用 PLS、PLF 指令来实现。

（2）指令说明

1）LDP：上升沿检测运算开始（检测到信号的上升沿时闭合一个扫描周期）。

2）LDF：下降沿检测运算开始（检测到信号的下降沿时闭合一个扫描周期）。

3）ANDP：上升沿检测串联连接（检测到位软元件上升沿信号时闭合一个扫描周期）。

4）ANDF：下降沿检测串联连接（检测到位软元件下降沿信号时闭合一个扫描周期）。

5）ORP：脉冲上升沿检测并联连接（检测到位软元件上升沿信号时闭合一个扫描周期）。

6）ORF：脉冲下降沿检测并联连接（检测到位软元件下降沿信号时闭合一个扫描周期）。

11. 空操作指令 NOP、结束指令 END

NOP、END 指令功能如表 2-5-12 所示。

表 2-5-12 基本指令功能表（十一）

符号名称	功能	操作元件
NOP 空操作	无动作	无
END 结束	输入、输出处理返回 0 步	无

其指令说明如下。

1）PLC 反复进行输入处理、程序执行、输出处理，若在程序的最后写入 END 指令，则 END 以后的其余程序步不再执行，而直接进行输出处理。

2）在程序中没有 END 指令时，PLC 处理完其全部的程序步。

3）在调试期间，在各程序段插入 END 指令，可依次调试各程序段程序的动作功能，确认后再删除各 END 指令。

4）PLC 在 RUN 开始时首次执行是从 END 指令开始的。

5）执行 END 指令时，也刷新监视定时器，检测扫描周期是否过长。

知识测评

1．选一选

（1）与图 2-5-25 对应正确的指令是（　　）。

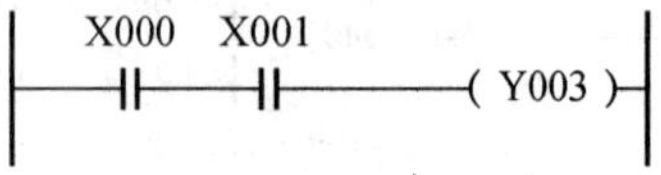

X000
X001
Y003

图 2-5-25　“选一选”题（1）图

A．LDI　X0　　B．AND　X1　　C．OR　X1　　D．SET　Y3

（2）与图 2-5-26 对应正确的指令是（　　）。

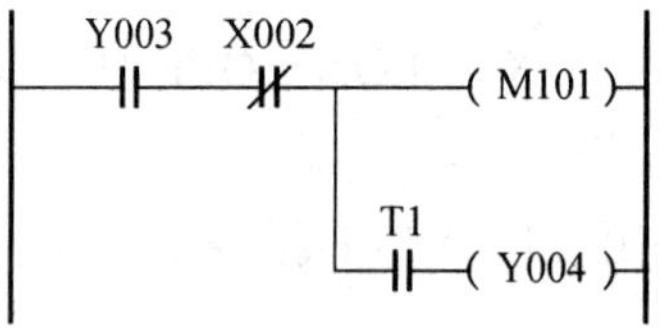

Y003
X002
M101
T1
Y004

图 2-5-26　“选一选”题（2）图

A．LDI　Y3　ANI　X2　　B．AN1　X2　AND　T1

C．AN1　X2　OR　T1　　D．OUT　M101　OUT　Y004

2．练一练

（1）根据图 2-5-27 和图 2-5-28 所示的梯形图程序编写指令表程序。

X000
X001
Y000
Y000
X002
X003
X004
X005
Y001
X006
X007
X010
X011
X012
K100
T0
T0
Y002

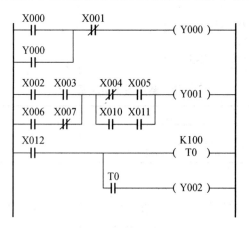

图 2-5-27　“练一练”题（1）图（一）

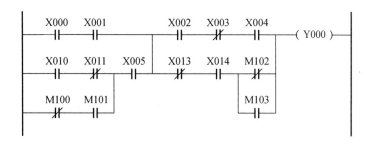

图 2-5-28 "练一练"题（1）图（二）

（2）根据指令表程序画出相应的梯形图程序。

0	LD	M100	
1	OR	M0	
2	ANI	M101	
3	OUT	M0	
4	LD	M0	
5	ANI	T1	
6	OUT	T0	K5
9	LD	T0	
10	OUT	T1	K5
13	LD	M0	
14	AND	T0	
15	OUT	Y000	
16	LD	M0	
17	ANI	T0	
18	OUT	Y001	
19	END		

项目六　GX Developer 编程软件

学习目标

1. 熟悉 GX Developer 软件的使用环境。
2. 能熟练使用 GX Developer 软件进行程序编制。
3. 熟练掌握 GX Developer 软件使用的快捷键。

GX Developer 是一个功能强大的 PLC 开发软件，具有程序开发、监视、仿真调试及对 PLC CPU 进行读写等功能。下面就以图 2-6-1 所示的梯形图程序举例说明整个程序的编译操作过程。

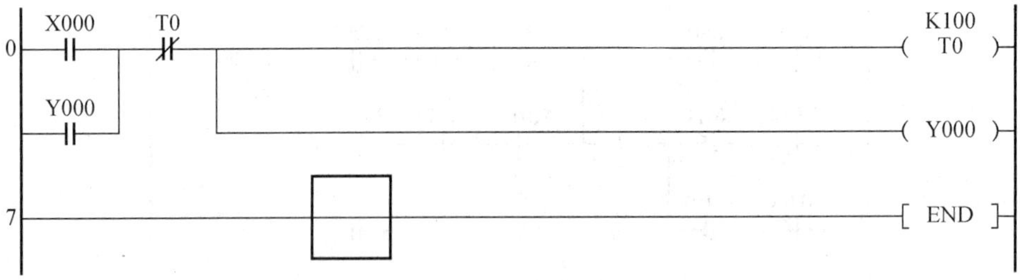

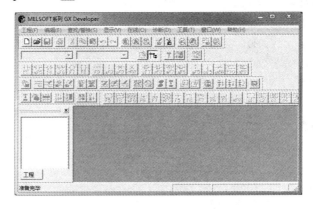

图 2-6-1　梯形图程序

基本操作步骤如下。

一、启动 PLC 编程软件

双击 GX Developer 图标运行软件，进入 PLC 编程界面，如图 2-6-2 所示。

图 2-6-2　PLC 编程界面

二、创建新工程

1）选择"工程"→"创建新工程"命令，弹出"创建新工程"对话框，如图 2-6-3 所示。

2）在"创建新工程"对话框中设置 PLC 系列为"FXCPU"，PLC 类型为"FX2N(C)"，程序类型为"梯形图"，单击"确定"按钮进入梯形图编辑界面，如图 2-6-4 所示。

图 2-6-3　"创建新工程"对话框

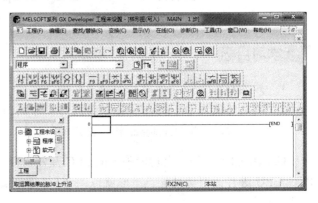

图 2-6-4　梯形图编辑界面

三、编写梯形图程序

1）单击快捷工具栏的"常开触点"按钮（或按 F5 键），弹出"梯形图输入"对话框，输入"X0"，单击"确定"按钮，如图 2-6-5 和图 2-6-6 所示。

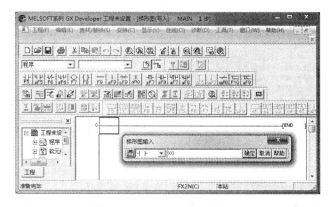

图 2-6-5　编写梯形图程序（一）

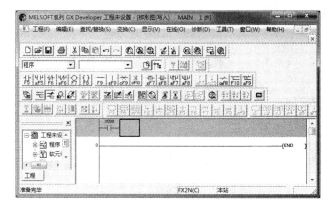

图 2-6-6　编写梯形图程序（二）

2）将输入光标移动到下一行，单击快捷工具栏的"并联常开触点"按钮（或按 Shift+F5 键），弹出"梯形图输入"对话框，输入"Y0"，单击"确定"按钮，如图 2-6-7 和图 2-6-8 所示。

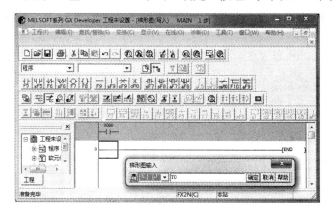

图 2-6-7　编写梯形图程序（三）

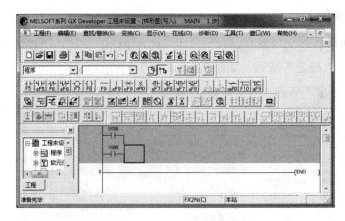

图 2-6-8　编写梯形图程序（四）

3）按照同样的编程方法编制好程序，如图 2-6-9 所示。

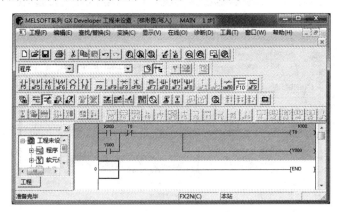

图 2-6-9　编写梯形图程序（五）

四、程序变换

梯形图程序编写好后要进行程序变换，选择"变换"→"变换"命令（或按 F4 键）进行梯形图的变换，如图 2-6-10 和图 2-6-11 所示。

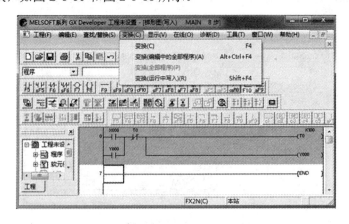

图 2-6-10　程序变换

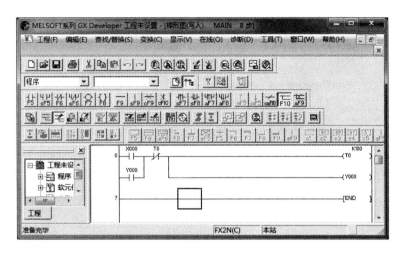

图 2-6-11　变换好的梯形图程序

五、写入 PLC

1）在图 2-6-11 中选择"在线"→"PLC 写入"命令，弹出如图 2-6-12 所示的"PLC 写入"对话框。

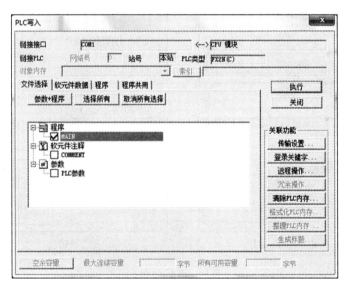

图 2-6-12　PLC 写入（一）

2）选择"文件选择"选项卡，勾选 MAIN 复选框。

3）选择"程序"选项卡，在"指定范围"下拉列表中选择"步范围"选项，填写程序步，如图 2-6-13 所示，单击"执行"按钮。

4）依次弹出如图 2-6-14 所示的对话框。

GX Developer 软件常用快捷键功能如表 2-6-1 所示。

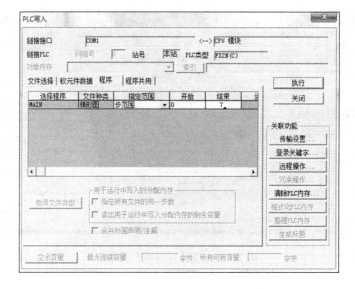

图 2-6-13　PLC 写入（二）

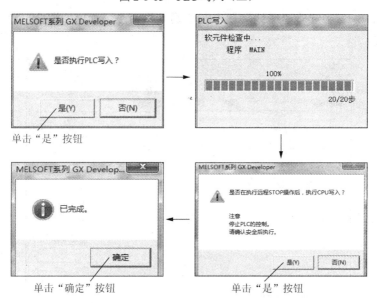

图 2-6-14　PLC 写入（三）

表 2-6-1　GX Developer 软件常用快捷键功能一览表

快捷键	功能	快捷键	功能	快捷键	功能
F3	监视模式	Alt+F3	写入模式	F4	程序变换
F5	串联动合触点	Shift+F5	并联动合触点	F6	串联动断触点
Shift+F6	并联动断触点	F7	线圈输出	F8	指令输出
F9	画横线	Shift+F9	画竖线	Ctrl+F9	横线删除
Ctrl+F10	竖线删除	F10	划线输出	Alt+F9	划线删除

1．填一填

功能	快捷键	功能	快捷键
串联动断触点		程序变换	
串联动合触点		监视模式	
并联动断触点		指令输出	
并联动合触点		线圈输出	

2．练一练

在 GX Developer 软件上编写如图 2-6-15 所示的程序。

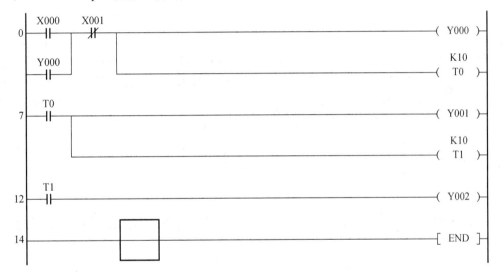

图 2-6-15　题"练一练"图

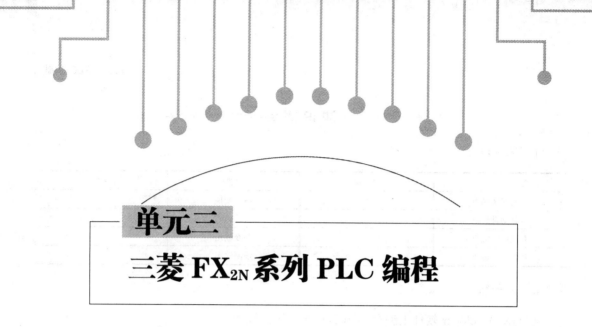

单元三
三菱 FX₂N 系列 PLC 编程

PLC 技术是一门实践性很强的技术,只有通过实际操作,才能较好地掌握这门技术。本单元的项目一和项目二为程序编写的基础性知识;项目三中的任务都来源于自动化生产实际,且由编者结合教学需求精心组织,每个任务的内容基本由"任务描述""任务分析""任务实施""任务评价"等组成,既保证了理论知识的层次性、系统性,又具有很好的实践培训特点,突出培养和训练学习者的学习能力、操作能力、应用设计能力、岗位工作能力,对学生走上工作岗位并适应岗位有一定的帮助作用。

项目一　FX₂N 系列 PLC 编程基本原则及经验设计法

学习目标

1. 掌握梯形图编程的基本原则。
2. 能辨别梯形图程序存在的问题。
3. 掌握梯形图的经验设计方法。

一、基本原则

梯形图按照自上而下、从左到右的顺序设计。每个线圈为一个逻辑行,即一层阶梯。每一个逻辑行起于左母线(主母线),然后是触点的连接,最后以线圈终止于右母线,在画图时允许省略右母线。梯形图的设计规则如下。

1)触点和线圈的常规位置。梯形图的左母线与线圈之间一定要有触点,而线圈与右母线之间不能有任何触点,触点只能在水平线上,不能画在垂直分支上,如图 3-1-1 和图 3-1-2 所示。

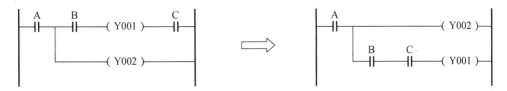

图 3-1-1 触点和线圈的位置（不合理）　　　　图 3-1-2 触点和线圈的位置（合理）

2）桥式电路的编程。桥式电路不能直接编程，必须画出相应的等效梯形图，如图 3-1-3 和图 3-1-4 所示。

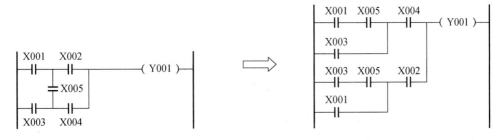

图 3-1-3 桥式电路的编程（不合理）　　　　图 3-1-4 桥式电路的编程（合理）

3）避免使用双线圈。在一个程序中尽量避免使用双线圈。同一编号的线圈如果使用两次，称为双线圈，双线圈输出容易引起误操作，所以应尽量避免线圈重复使用。

4）梯形图程序必须符合顺序执行的原则，即从左到右、从上到下执行。不符合顺序执行的电路不能直接编程。

5）梯形图中串、并联的触点次数没有限制，可以无限制地使用。

6）两个或两个以上的线圈可以并联输出。

二、经验设计法

PLC 程序设计常采用的方法有经验设计法和顺序功能图法。本节主要介绍经验设计法。

采用常用基本单元电路来完成 PLC 梯形图设计的方法称为经验设计法。经验设计法是延续了传统的继电器电气原理图的设计方法，即在一些典型梯形图的基础上，根据被控对象对控制系统的具体要求，不断地修改和完善梯形图。有时需要多次反复地调试和修改梯形图，不断地增加中间编程元件和触点，最后才能得到一个较为满意的结果。这种方法没有普遍的规律可以遵循，设计所用的时间、设计的质量与编程者的经验有很大的关系，所以有人把这种设计方法称为经验设计法。它可以用于逻辑关系较简单的梯形图程序设计。经验设计法是 PLC 应用系统程序设计方法中最原始的方法，也是每一个初学者经常使用的方法。

经验设计法设计控制程序的步骤如下。

1）了解受控设备及工艺过程，分析控制系统的要求，选择控制方案。

2）根据受控系统的工艺要求，确定主令元件、检测元件及辅助继电器等。

3）利用输入信号设计起动、停止和自保功能。

4）使用辅助元件、定时器和计数器。

5）使用功能指令。

6）加入互锁条件和保护条件。

7）检查、修改和完善程序。

以一个具体实例说明经验设计法的应用。

【例 3-1-1】用 3 个开关分别在 3 个不同的位置（每个地方只有 1 个开关）控制一盏灯。在 3 个地方的任何一地，利用开关都能独立地开灯和关灯。

控制要点：每个开关无论是闭合或断开，都有可能将灯点亮或熄灭，即开关闭合并不一定是将灯点亮，开关断开也并不一定是将灯熄灭。设计步骤如下。

1）I/O 地址分配如表 3-1-1 所示。

表 3-1-1　例 3-1-1I/O 地址分配表

输入信号		输出信号	
S1（A 地开关）	X0	电灯	Y0
S2（B 地开关）	X1		
S3（C 地开关）	X2		

2）参考梯形图程序如图 3-1-5 所示。

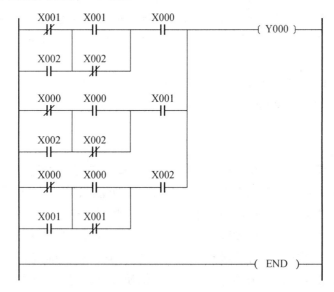

图 3-1-5　参考梯形图程序

想一想：根据例 3-1-1 的编程思路，请设计出 4 地控制一盏灯的程序。

━━━━ 知 识 测 评 ━━━━

1. 讲一讲

简述梯形图的设计规则。

2．练一练

将图 3-1-5 所示的梯形图程序改写成指令表程序，并在软件中正确编写该程序。

项目二　常用基本单元电路的编程方法

学习目标

1．掌握常用基本单元电路的编程方法。
2．会分析电路的控制逻辑。

一、电动机起停控制电路的编程方法

根据异步电动机直接起停控制原理图（图 3-2-1），用 PLC 程序设计相应的梯形图程序。PLC 的接线图如图 3-2-2 所示，梯形图如图 3-2-3 所示。图中：

SB1——（X0）为停止按钮；

SB2——（X1）为起动按钮。

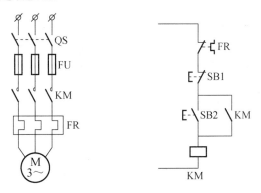

图 3-2-1　电动机直接起停控制电路原理图

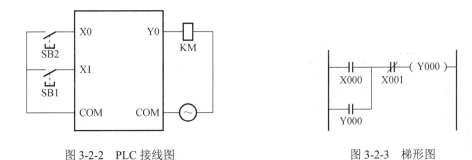

图 3-2-2　PLC 接线图　　　　　　　　　图 3-2-3　梯形图

该程序也可采用图 3-2-4 或图 3-2-5 所示的控制方式来设计。

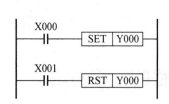

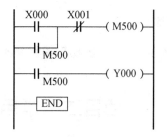

图 3-2-4　FX$_{2N}$ 的 SET/RST 指令编程　　　　图 3-2-5　利用辅助继电器编程

二、正反转控制电路的编程方法

根据电动机直接正反转原理图（图 3-2-6），用 PLC 设计其接线图和控制程序，如图 3-2-7 和图 3-2-8 所示。图中：

SB1——（X0）停止按钮；

SB2——（X1）正转起动按钮；

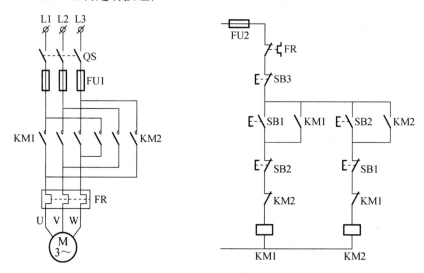

图 3-2-6　电动机正反转控制电路原理图

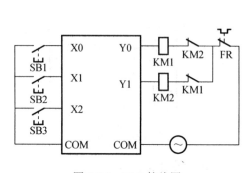

图 3-2-7　PLC 接线图

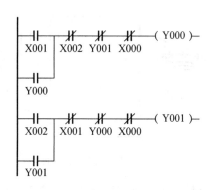

图 3-2-8　梯形图

SB3——（X2）反转起动按钮；

KM1——（Y0）正转接触器；

KM2——（Y1）反转接触器。

1. 互锁问题

Y0、Y1 软件互锁：Y0、Y1 不能同时为 ON，确保 KM1、KM2 线圈不能同时得电。

X1、X2 机械联锁：正、反转切换方便。

问题：

1）正、反转切换时 PLC 高速，而机械触点动作低速（短弧），造成瞬间短路；

2）当接触器发生熔焊而黏结时，发生相间短路。

解决办法：

KM1、KM2 硬件互锁：机械响应速度较慢，动作时间往往大于程序执行的一个扫描周期。

2. 过载保护问题

（1）手动复位热继电器

按图 3-2-7 接线，可以节约 PLC 的一个输入点。

（2）自动复位热继电器

动断触点不能接在 PLC 的输出回路，必须接在输入回路（动断触点或动合触点），如图 3-2-9 所示。

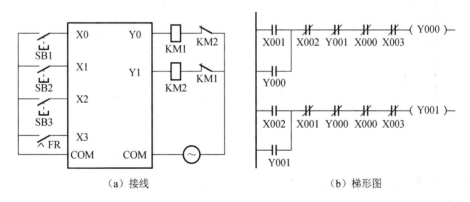

（a）接线　　　　　　　　　　（b）梯形图

图 3-2-9　自动复位热继电器的接线和梯形图

3. 动断触点输入信号的处理

动断触点输入回路接线方式如图 3-2-10 所示。

说明：输入触点既可以接动合触点，也可以接动断触点，如图 3-2-10 所示，输入继电器与输入触点的对应关系为

$$X0 = SB2$$

$$X1 = \overline{SB1}$$

建议使用动合触点作为 PLC 的输入信号。

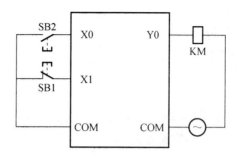

图 3-2-10　动断触点输入回路接线方式

三、定时器的编程方法

1. 延时接通程序（通电延时）

1）按下起动按钮 X0，延时 5s 后输出 Y0 接通；当按下停止按钮 X1 后，输出 Y0 断开，试设计 PLC 程序。

按钮：能自复位，即松开后复位，必须使用辅助继电器及自锁电路，使定时器线圈能保持通电。

按下起动按钮延时 5s 接通程序和时序图如图 3-2-11 所示。

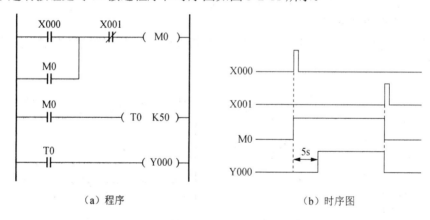

（a）程序　　　　　　　　　　　　（b）时序图

图 3-2-11　按下起动按钮延时 5s 接通程序和时序图

2）按下拨动开关 X0，延时 5s 后输出 Y0 接通；当按下停止按钮 X1 后，输出 Y0 断开，试设计 PLC 程序。

拨动开关：带自锁功能，不能自复位。

按下拨动开关延时 5s 接通程序和时序图如图 3-2-12 所示。

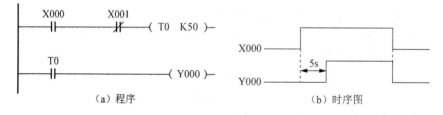

（a）程序　　　　　　　　　　　（b）时序图

图 3-2-12　按下拨动开关延时 5s 接通程序和时序图

2. 延时断开程序（断电延时）

输入信号 X0 接通后，输出信号 Y0 马上接通；当 X0 断开后，Y0 延时 5s 后断开。

延时断开程序和时序图如图 3-2-13 所示。

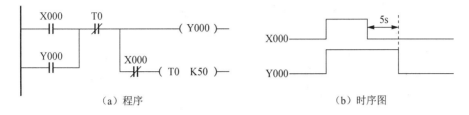

（a）程序　　　　　　　　　　　　　（b）时序图

图 3-2-13　延时断开程序和时序图

3. 延时接通延时断开程序

X0 控制 Y1，要求在 X0 变为 ON 后延时 9s 后 Y1 才变为 ON，X0 变为 OFF 后再过 7s Y1 才变为 OFF。

延时接通延时断开程序和时序图如图 3-2-14 所示。

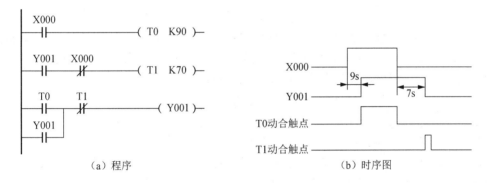

（a）程序　　　　　　　　　　　　　（b）时序图

图 3-2-14　延时接通延时断开程序和时序图

4. 长延时程序

FX₂N 系列 PLC 的定时器最长定时时间为 3276.7s，下面介绍长延时程序。用多个定时器组合实现 5000s 的延时程序。

延时 5000s 程序如图 3-2-15 所示。

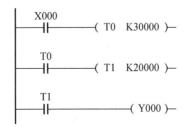

图 3-2-15　延时 5000s 程序

说明：利用定时器的组合可以实现大于 3276.7s 的定时，但几万秒甚至更长的定时，需用定时器与计数器的组合来实现。

四、定时器与计数器的组合应用程序

当 X0 接通后，延时 20 000s，输出 Y0 接通；当 X0 断开后，输出 Y0 断开。

定时器加计数器实现的延时 20 000s 程序和时序图如图 3-2-16 所示。

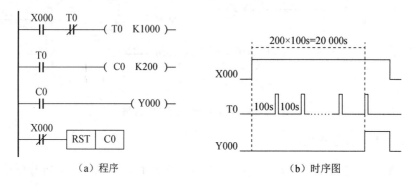

图 3-2-16　定时器加计数器实现的延时 20 000s 程序和时序图

五、两个计数器的组合应用程序

PLC 内部的特殊辅助继电器提供了四种时钟脉冲：10ms（M8011）、100ms（M8012）、1s（M8013）、1min（M8014），可利用计数器对这些时钟脉冲的计数达到延时的作用。

若将 M8011 的 10ms 脉冲送给计数器，则计数常数：

$$K=(3600×6)÷0.01=2\,160\,000$$

而一个计数器的 $K≤32\,767$，故应将两个计数器进行组合，这样才能达到 6h 的延时。

注意：每次 C0 计满后应及时复位，否则 C1 只能得到一个脉冲。

【例 3-2-1】设计一控制程序并画出时序图。控制要求为当 X0 接通后，延时 50 000s，输出 Y0 接通；当 X0 断开后，输出 Y0 断开。

两个计数器的组合应用程序和时序图如图 3-2-17 所示。

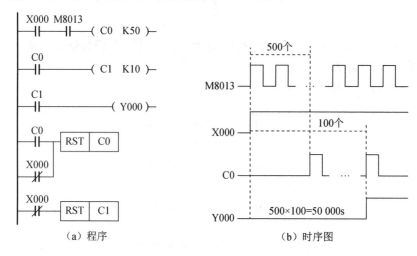

图 3-2-17　两个计数器的组合应用程序和时序图

六、顺序延时接通程序

当 X0 接通后，输出端 Y0、Y1、Y2 按顺序每隔 10s 输出接通。

用三个定时器 T0、T1、T2 设置不同的定时时间，可实现按顺序先后接通，当 X0 断开后同时停止。

顺序延时接通程序和时序图如图 3-2-18 所示。

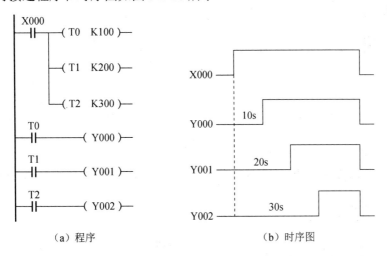

（a）程序　　　　（b）时序图

图 3-2-18　顺序延时接通程序和时序图

七、顺序循环接通程序

当 X0 接通后，Y0～Y2 三个输出端按顺序各接通 10s，如此循环直至 X0 断开后，三个输出全部断开。

顺序循环接通程序和时序图如图 3-2-19 所示。

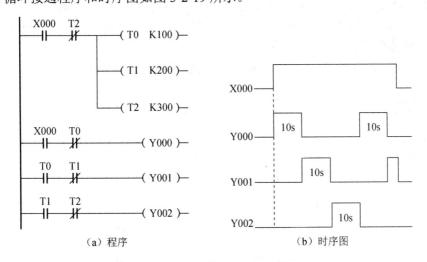

（a）程序　　　　（b）时序图

图 3-2-19　顺序循环接通程序和时序图

八、脉冲发生电路

【例 3-2-2】试设计频率为 10Hz 的等脉冲发生器。等脉冲即占空比为 1，即输入信号 X0 接通后，输出 Y0 产生 0.05s 接通、0.05s 断开的方波，选择精度为 0.01s 的定时器。

方法 1：采用定时频率→频率输出的设计方法，其程序和时序图如图 3-2-20 所示。

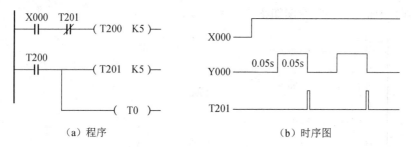

图 3-2-20　例 3-2-2 方法 1 程序和时序图

方法 2：采用输出→定时频率→频率输出的设计方法，其程序和时序图如图 3-2-21 所示。

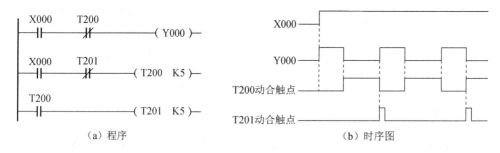

图 3-2-21　例 3-2-2 方法 2 程序和时序图

【例 3-2-3】设计周期为 50s 的脉冲发生器，其中断开 30s，接通 20s。

占空比不为 1 的脉冲，接通和断开时间不相等，由于定时时间较长，可用 0.1s 的定时器，因此只要改变时间常数就可实现。

方法 1：采用定时频率→频率输出的设计方法，其程序和时序图如图 3-2-22 所示。

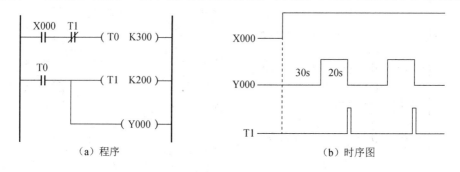

图 3-2-22　例 3-2-3 方法 1 程序和时序图

方法 2：采用输出→定时频率→频率输出的设计方法，其程序和时序图如图 3-2-23 所示。

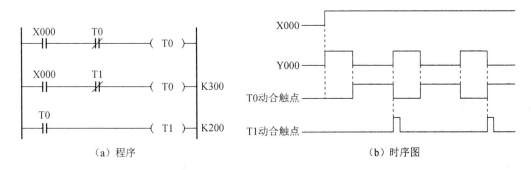

图 3-2-23 例 3-2-3 方法 2 程序和时序图

九、二分频程序

输入端 X0 输入一个频率为 f 的方波，要求输出端 Y0 输出一个频率为 $f/2$ 的方波，即设计一个二分频程序。

二分频程序和时序图如图 3-2-24 所示。

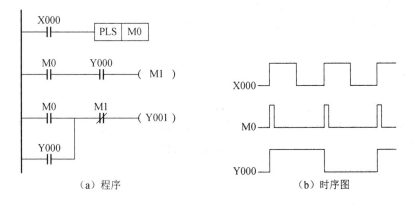

图 3-2-24 二分频程序和时序图

由于 PLC 程序是按顺序执行的，所以当 X0 的上升沿到来时，M0 接通一个扫描周期，此时 M1 线圈不会接通，Y0 线圈接通并自锁，而当下一个扫描周期到来时，虽然 Y0 是接通的，但此时 M0 已经断开，所以 M1 也不会接通，直到下一个 X0 的上升沿到来，M1 才会接通，并把 Y0 断开，从而实现二分频。

━━━━━━■知识测评■━━━━━━

1. 练一练

请将项目二中所涉及的梯形图程序在 GX Developer 软件中编写程序调试。

2. 编一编

某指示灯在系统正常运行时会保持常亮，当系统发生故障时会以 2Hz 的频率闪烁直到故障解除，请设计该控制程序，并在 GX Developer 软件中编写程序调试。

项目三　FX₂ₙ系列 PLC 基本指令综合应用实训

学习目标

1. 熟悉基本指令的使用方法。
2. 了解 PLC 应用的基本设计步骤，训练编程的思想和方法。
3. 会 I/O 分配、会设计 I/O 接线图，会编写梯形图控制程序。
4. 能完成软硬件综合调试并实现各个项目的控制要求。

任务一　花园喷泉运行控制

1. 任务描述

在花园中要安装一个小型喷泉。控制要求如下：

当按下起动按钮时，喷泉开始喷水；松开按钮，喷泉停止喷水。请用 PLC 实现控制过程。

2. 任务分析

如图 3-3-1 所示，合上断路器 QF 后，按下"起动"按钮 SB，主回路中 KM 吸合，电动机运转，水泵工作，喷泉可以喷水了；松开按钮 SB，电动机停转，水泵停止工作。其功能是典型的电动机点动运行控制。继电-接触器点动控制电路原理图如图 3-3-2 所示。

3. 任务实施

上述对花园内小型喷泉的继电-接触器点动控制的工作原理做了详细分析，下面用 PLC 实现该控制过程。

（1）确定 I/O 点数及地址分配

根据对任务的分析可知，本任务的输入信号有起动按钮 SB 和过载保护 FR，输出信号为交流接触器 KM。I/O 地址分配如表 3-3-1 所示。

图 3-3-1　小型喷泉工作实物图

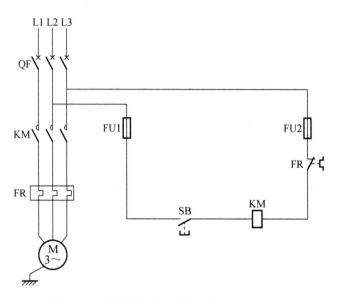

图 3-3-2　小型喷泉继电-接触器点动控制原理图

表 3-3-1　I/O 地址分配表

输入信号		输出信号	
SB	X0	KM	Y0
FR	X1		

（2）设计主电路

根据对任务的分析，主电路设计可采用 3 个电气元件，分别为空气断路器 QF、交流接触器 KM 和热继电器 FR，如图 3-3-3 所示。

（3）设计控制电路

PLC 控制的电动机点动运行电路接线图如图 3-3-4 所示。

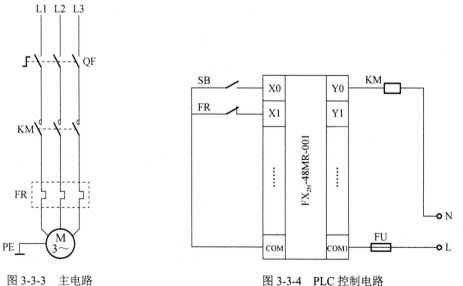

图 3-3-3　主电路　　　　　　　　　　　图 3-3-4　PLC 控制电路

（4）设计控制程序

用 FX_{2N} 系列 PLC 按工艺要求画出梯形图，写出指令表。

1）梯形图参考程序如图 3-3-5 所示。

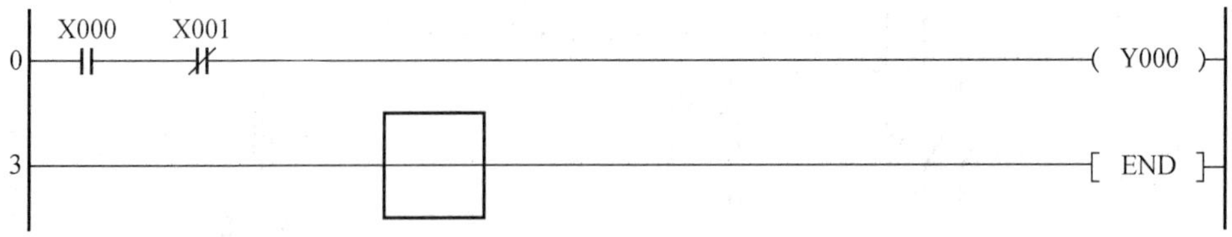

图 3-3-5　点动控制程序

2）指令表程序如下：

```
LD   X000
ANI  X001
OUT  Y000
END
```

（5）输入程序并进行调试

根据原理图连接 PLC 线路，检查无误后将本程序下载到 PLC 中，运行程序，观察控制过程。

4. 任务评价

完成任务后，对整个任务的完成情况进行评价考核，评价项目和评价标准如表 3-3-2 所示。

表 3-3-2　任务学习评价表

评价项目		评价内容	配分	评价标准	自评（40%）	小组互评（30%）	教师评价（30%）
课堂学习能力		学习态度与能力	10	态度端正、学习积极			
思维拓展能力		拓展学习的表现与应用	5	积极地拓展学习并能正确应用			
团结协作意识		分工协作，积极参与	5	有分工，参与积极			
语言表达能力		正确清楚地表达观点	5	正确、清楚地表达观点			
学习过程	程序编制、调试、运行、工艺	外部接线	10	按照电路图正确选择元件、安装、接线			
		I/O 分配	10	合理正确			
		程序设计	20	完成程序编写且程序规范、合理			
		程序调试与运行	25	正确输入程序，能排除故障，符合控制要求			
安全文明生产		做到 7S 文明生产	10	安全、文明、规范			
总评价成绩			组长签字		教师签字		

任务二　十字路口交通灯控制

1. 任务描述

图 3-3-6 所示为十字路口交通灯工作时序图。控制要求如下：

按下起动按钮 SB 后，交通灯开始工作。南北方向：红灯亮 25s，转到绿灯亮 25s，再按 1s 一次的规律闪烁 3 次，然后转到黄灯亮 2s。东西方向：绿灯亮 20s，再闪烁 3 次，转到黄灯亮 2s，然后红灯亮 30s。完成一个周期，如此循环运行。请用 PLC 实现控制过程。

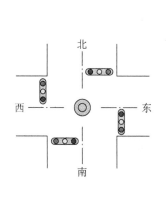 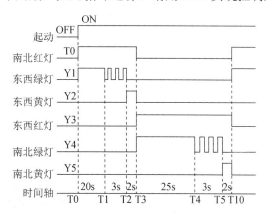

图 3-3-6　交通灯工作时序图

2. 任务分析

本任务为十字路口交通灯的自动控制。其中，闪烁次数可用计数器实现；时间的长短，可用定时器实现；程序的循环可按顺序循环接通控制程序来实现。

3. 任务实施

上述对十字路口交通灯的自动控制工作过程做了详细分析，下面用 PLC 实现该控制过程。

（1）确定 I/O 点数及地址分配

根据对任务的分析可知，本任务的输入信号有起动按钮 SB；输出信号有南北方向红灯、绿灯、黄灯，东西方向红灯、绿灯、黄灯。I/O 地址分配如表 3-3-3 所示。

表 3-3-3　I/O 地址分配表

输入		输出	
		南北（红）	Y0
		南北（绿）	Y1
		南北（黄）	Y2
SB（起动）	X0	东西（红）	Y3
		东西（绿）	Y4
		东西（黄）	Y5

（2）设计控制电路

PLC 控制的十字路口交通灯运行电路接线图如图 3-3-7 所示。

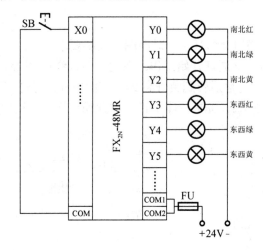

图 3-3-7　十字路口交通灯运行电路接线图

（3）设计控制程序

用 FX$_{2N}$ 系列 PLC 按工艺要求画出梯形图，写出指令表。

1）梯形图参考程序如图 3-3-8 所示。

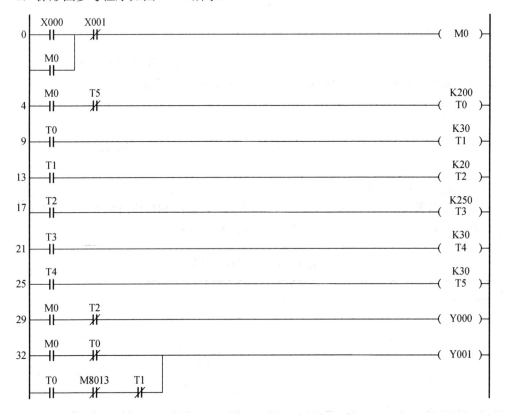

图 3-3-8　交通灯工作控制程序

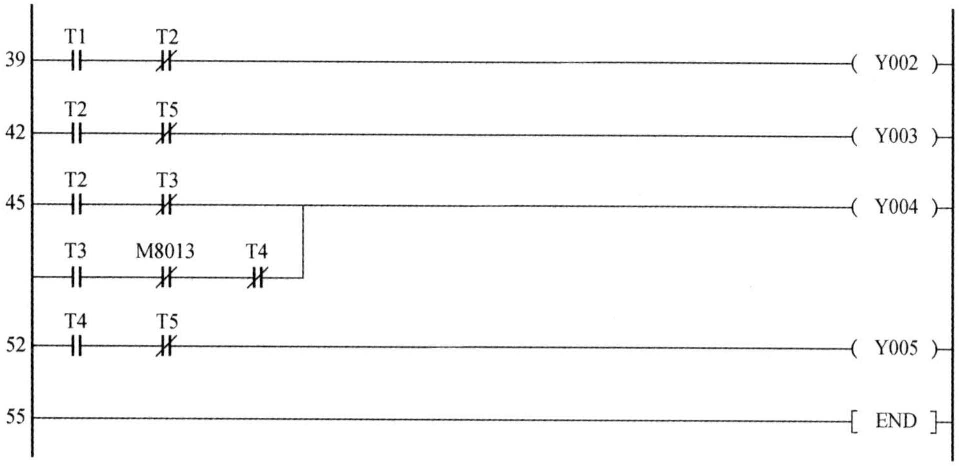

图 3-3-8（续）

2）指令表程序如下：

```
LD      X000
OR      M0
ANI     X001
OUT     M0
LD      M0
ANI     T5
OUT     T0      K200
LD      T0
OUT     T1      K30
LD      T1
OUT     T2      K20
LD      T2
OUT     T3      K250
LD      T3
OUT     T4      K30
LD      T4
OUT     T5      K30
LD      M0
ANI     T2
OUT     Y000
LD      M0
ANI     T0
LD      T0
ANI     M8013
ANI     T1
ORB
OUT     Y001
LD      T1
```

```
ANI      T2
OUT      Y2
LD       T2
ANI      T5
OUT      Y003
LD       T2
ANI      T3
LD       T3
ANI      M8013
ANI      T4
ORB
OUT      Y004
LD       T4
ANI      T5
OUT      Y005
END
```

（4）输入程序并进行调试

根据原理图连接 PLC 线路，检查无误后将本程序下载到 PLC 中，运行程序，观察控制过程。

4. 任务评价

完成任务后，对整个任务的完成情况进行评价考核，评价项目和评价标准如表 3-3-4 所示。

表 3-3-4　任务学习评价表

评价项目		评价内容	配分	评价标准	自评（40%）	小组互评（30%）	教师评价（30%）
课堂学习能力		学习态度与能力	10	态度端正、学习积极			
思维拓展能力		拓展学习的表现与应用	5	积极地拓展学习并能正确应用			
团结协作意识		分工协作，积极参与	5	有分工，参与积极			
语言表达能力		正确清楚地表达观点	5	正确、清楚地表达观点			
学习过程	程序编制、调试、运行、工艺	外部接线	10	按照电路图正确选择元件、安装、接线			
		I/O 分配	10	合理正确			
		程序设计	20	完成程序编写且程序规范、合理			
		程序调试与运行	25	正确输入程序，能排除故障，符合控制要求			
安全文明生产		做到 7S 文明生产	10	安全、文明、规范			
总评价成绩			组长签字		教师签字		

任务三　铁塔之光模拟控制

1. 任务描述

现代城市的夜景是迷人的，每当夜幕降临，登高望远，绚丽多彩的霓虹灯光将城市点缀得光彩夺目，图 3-3-9 为铁塔之光示意图，请用 PLC 实现控制过程。控制要求如下。

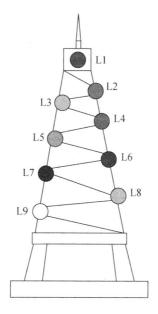

图 3-3-9　铁塔之光示意图

1）按下起动按钮后，灯从 L1 到 L9 逐个点亮并保持，每盏灯间隔 1s。待 9 盏灯全亮后保持 10s，10s 后灯又从 L1 到 L9 逐个点亮……如此往复循环。

2）按下停止按钮，铁塔之光可随时停止。

2. 任务分析

本任务为铁塔之光的自动控制。其中，时间的长短可用定时器实现；程序的循环可用顺序循环接通控制程序来实现。

3. 任务实施

上述对铁塔之光的自动控制工作过程做了详细分析，下面用 PLC 实现该控制过程。

（1）确定 I/O 点数及地址分配

根据对任务的分析可知，本任务的输入信号有起动按钮和停止按钮，输出信号有 L1 到 L9 共 9 盏灯。I/O 地址分配如表 3-3-5 所示。

表 3-3-5　I/O 地址分配表

输入		输出	
		L1	Y0
		L2	Y1
起动按钮	X0	L3	Y2
		L4	Y3
		L5	Y4
		L6	Y5
停止按钮	X1	L7	Y6
		L8	Y7
		L9	Y10

（2）设计控制电路

铁塔之光模拟控制电路接线图如图 3-3-10 所示。

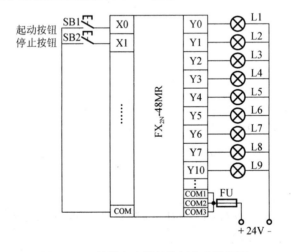

图 3-3-10　铁塔之光模拟控制电路接线图

（3）设计控制程序

用 FX_{2N} 系列 PLC 按工艺要求画出梯形图，写出指令表。

1）梯形图参考程序如图 3-3-11 所示。

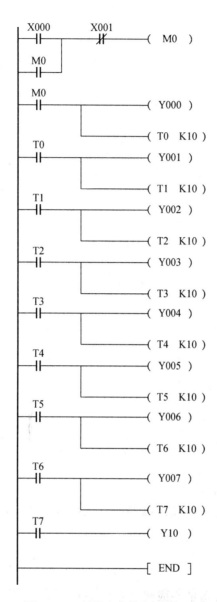

图 3-3-11　铁塔之光模拟控制程序

2）指令表程序如下：

```
LD      X000
OR      M0
ANI     X001
OUT     M0
LD      M0
OUT     Y000
OUT     T0          K10
LD      T0
```

```
OUT        Y001
OUT        T1           K10
LD         T1
OUT        Y002
OUT        T2           K10
LD         T2
OUT        Y003
OUT        T3           K10
LD         T3
OUT        Y004
OUT        T4           K10
LD         T4
OUT        Y005
OUT        T5           K10
LD         T5
OUT        Y006
OUT        T6           K10
LD         T6
OUT        Y007
OUT        T7           K10
LD         T7
OUT        Y010
END
```

（4）输入程序并进行调试

根据原理图连接 PLC 线路，检查无误后将本程序下载到 PLC 中，运行程序，观察控制过程。

4. 任务评价

完成任务后，对整个任务的完成情况进行评价考核，评价项目和评价标准如表 3-3-6 所示。

表 3-3-6　任务学习评价表

评价项目	评价内容	配分	评价标准	自评（40%）	小组互评（30%）	教师评价（30%）
课堂学习能力	学习态度与能力	10	态度端正、学习积极			
思维拓展能力	拓展学习的表现与应用	5	积极地拓展学习并能正确应用			
团结协作意识	分工协作，积极参与	5	有分工，参与积极			
语言表达能力	正确清楚地表达观点	5	正确、清楚地表达观点			

续表

评价项目		评价内容	配分	评价标准	自评（40%）	小组互评（30%）	教师评价（30%）
学习过程	程序编制、调试、运行、工艺	外部接线	10	按照电路图正确选择元件、安装、接线			
		I/O 分配	10	合理正确			
		程序设计	20	完成程序编写且程序规范、合理			
		程序调试与运行	25	正确输入程序，能排除故障，符合控制要求			
安全文明生产		做到 7S 文明生产	10	安全、文明、规范			
总评价成绩			组长签字		教师签字		

任务四　LED 数码显示控制

1. 任务描述

用 PLC 实现对 LED 数码显示的控制，数码管如图 3-3-12 所示。控制要求如下：

1）按下起动按键数码管从 1→F 做循环显示，时间间隔为 1s。数码管循环 5 次后显示 0，等待 10s，重新循环工作。

2）数码管可随时停止工作。

2. 任务分析

本任务为 LED 数码显示的控制。其中，时间的长短可用定时器实现；循环次数可用计数器实现；程序的循环可用顺序循环接通控制程序来实现。

3. 任务实施

上述对数码管的自动控制工作过程做了详细分析，下面用

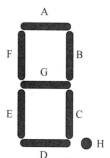

图 3-3-12　LED 数码管示意图

PLC 实现该控制过程。

（1）确定 I/O 点数及地址分配

根据对任务的分析可知，本任务的输入信号有起动按钮和停止按钮，输出信号有 A、B、…、F、G。I/O 地址分配如表 3-3-7 所示。

表 3-3-7　I/O 地址分配表

输入		输出	
起动按钮	X0	A	Y0
		B	Y1
		C	Y2
停止按钮	X1	D	Y3
		E	Y4
		F	Y5
		G	Y6

（2）设计控制电路

LED 数码显示的控制电路接线图如图 3-3-13 所示。

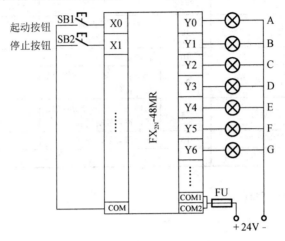

图 3-3-13　LED 数码显示的控制电路接线图

（3）设计控制程序

用 FX$_{2N}$ 系列 PLC 按工艺要求画出梯形图，写出指令表。

1）梯形图参考程序如图 3-3-14 所示。

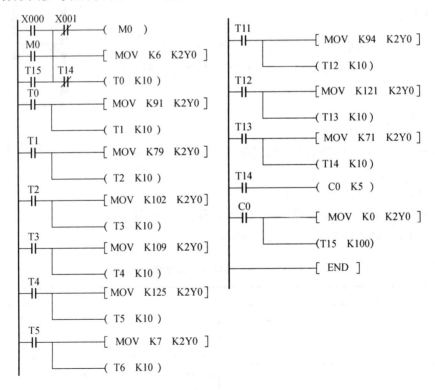

图 3-3-14　LED 数码显示控制程序

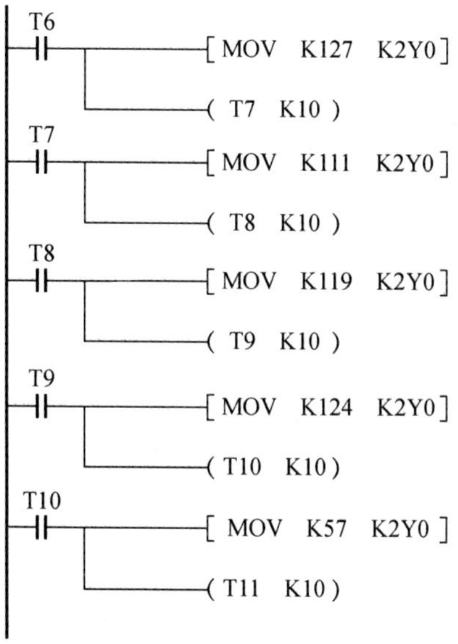

```
T6
├┤├────┬────[ MOV  K127  K2Y0 ]
        │
        └────( T7  K10 )

T7
├┤├────┬────[ MOV  K111  K2Y0 ]
        │
        └────( T8  K10 )

T8
├┤├────┬────[ MOV  K119  K2Y0 ]
        │
        └────( T9  K10 )

T9
├┤├────┬────[ MOV  K124  K2Y0 ]
        │
        └────( T10  K10 )

T10
├┤├────┬────[ MOV  K57  K2Y0 ]
        │
        └────( T11  K10 )
```

图 3-3-14（续）

2）指令表程序如下：

```
LD        X000
OR        M0
OR        T15
MPS
ANI       X001
OUT       M0
MRD
MOV       K6          K2Y0
MPP
ANI       T14
OUT       T0          K10
LD        T0
MOV       K91         K2Y0
OUT       T1          K10
LD        T1
MOV       K79         K2Y0
OUT       T2          K10
LD        T2
MOV       K102        K2Y0
OUT       T3          K10
LD        T3
MOV       K109        K2Y0
OUT       T4          K10
LD        T4
MOV       K125        K2Y0
```

OUT	T5	K10
LD	T5	
MOV	K7	K2Y0
OUT	T6	K10
LD	T6	
MOV	K127	K2Y0
OUT	T7	K10
LD	T7	
MOV	K111	K2Y0
OUT	T8	K10
LD	T8	
MOV	K119	K2Y0
OUT	T9	K10
LD	T9	
MOV	K124	K2Y0
OUT	T10	K10
LD	T10	
MOV	K57	K2Y0
OUT	T11	K10
LD	T11	
MOV	K94	K2Y0
OUT	T12	K10
LD	T12	
MOV	K121	K2Y0
OUT	T13	K10
LD	T13	
MOV	K71	K2Y0
OUT	T14	K10
LD	T14	
OUT	C0	K5
LD	C0	
MOV	K0	K2Y0
OUT	T15	K100
END		

（4）输入程序并进行调试

根据原理图连接 PLC 线路，检查无误后将本程序下载到 PLC 中，运行程序，观察控制过程。

4. 任务评价

完成任务后，对整个任务的完成情况进行评价考核，评价项目和评价标准如表 3-3-8 所示。

表 3-3-8 任务学习评价表

评价项目		评价内容	配分	评价标准	自评（40%）	小组互评（30%）	教师评价（30%）
课堂学习能力		学习态度与能力	10	态度端正、学习积极			
思维拓展能力		拓展学习的表现与应用	5	积极地拓展学习并能正确应用			
团结协作意识		分工协作，积极参与	5	有分工，参与积极			
语言表达能力		正确清楚地表达观点	5	正确、清楚地表达观点			
学习过程	程序编制、调试、运行、工艺	外部接线	10	按照电路图正确选择元件、安装、接线			
		I/O 分配	10	合理正确			
		程序设计	20	完成程序编写且程序规范、合理			
		程序调试与运行	25	正确输入程序，能排除故障，符合控制要求			
安全文明生产		做到 7S 文明生产	10	安全、文明、规范			
总评价成绩			组长签字		教师签字		

任务五 全自动洗衣机的 PLC 控制

1. 任务描述

用 PLC 实现对全自动洗衣机的控制，控制系统面板如图 3-3-15 所示。控制要求如下。

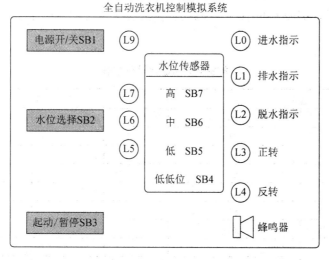

图 3-3-15 全自动洗衣机控制面板

按下电源按钮（电源指示灯 L9 常亮），系统处于初始状态，准备好起动工作。

1）按下水位选择开关，选择相应水位，按下起动按钮开始进水，水满（即水位到达相应水位线）时停止进水。

2）2s 后开始洗涤。

3）洗涤时，正转 15s 后暂停，暂停 3s 后开始反转洗涤，反转洗涤 15s 后暂停，暂停 3s。

4）如此循环 3 次后开始排水，排空后（水位下降到低低位）开始脱水 10s 并继续排水。脱水 10s 即完成一次从进水到脱水的工作循环过程。

5）若未完成 3 次大循环，则返回从进水开始的全部动作，进行下一次大循环；若完成了 3 次大循环，则进行洗完报警（蜂鸣器以每秒 1 次的频率报警）。

6）报警 10s 结束全部过程，自动停机。

7）按钮 SB3 具有起动、暂停功能。

8）工作工程中若按下电源按钮可停止进水、排水、脱水及报警，此时 L9 熄灭。

9）水位线用灯 L7、L6、L5 分别表示高、中、低水位，由 SB2 选择。

2. 任务分析

本任务为全自动洗衣机的 PLC 控制。其中，时间的长短可用定时器实现；循环次数可用计数器实现；程序的循环可用顺序循环接通控制程序来实现。

3. 任务实施

上述对全自动洗衣机的控制工作过程做了详细分析，下面用 PLC 实现该控制过程。

（1）确定 I/O 点数及地址分配

根据对任务的分析可知，本任务的输入信号有电源开关、水位选择按钮、起动/暂停按钮、水位传感器共 7 个；输出信号有水位指示、进水指示、排水指示、脱水指示、电动机正转、电动机反转、蜂鸣器共 10 个；输入、输出信号一共 17 个。I/O 地址分配如表 3-3-9 所示。

表 3-3-9　I/O 地址分配表

输入		输出	
SB1	X0	L0	Y0
SB2	X1	L1	Y1
SB3	X2	L2	Y2
SB4	X3	L3	Y3
SB5	X4	L4	Y4
SB6	X5	L5	Y5
SB7	X6	L6	Y6
—	—	L7	Y7
—	—	蜂鸣器	Y10
—	—	L9	Y11

（2）设计控制电路

全自动洗衣机控制电路接线图如图 3-3-16 所示。

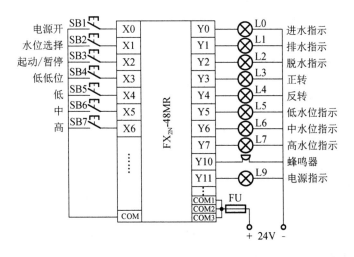

图 3-3-16　全自动洗衣机控制电路接线图

（3）设计控制程序

用 FX₂N 系列 PLC 按工艺要求画出梯形图，写出指令表。

1）梯形图参考程序如图 3-3-17 所示。

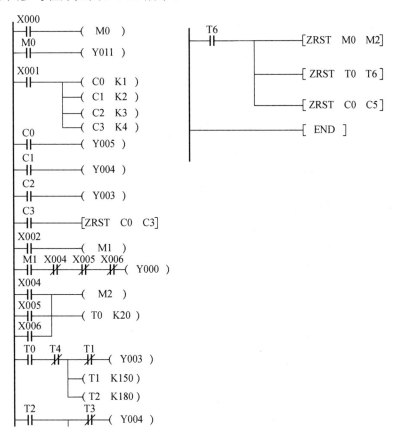

图 3-3-17　全自动洗衣机控制程序

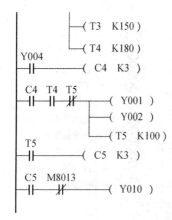

图 3-3-17（续）

2）指令表程序如下：

```
LD      X000
OR      M0
OUT     M0
OUT     Y011
LD      X001
OUT     C0          K1
OUT     C1          K2
OUT     C2          K3
OUT     C3          K4
LD      C0
OUT     Y005
LD      C1
OUT     Y004
LD      C2
OUT     Y003
LD      C3
ZRST    C0          C3
LD      X002
OR      M1
OUT     M1
ANI     X004
ANI     X005
ANI     X006
OUT     Y000
LD      X004
OR      X005
OR      X006
OUT     M2
OUT     T0          K20
```

```
LD          T0
ANI         T4
MPS
ANI         T1
OUT         Y003
MRD
OUT         T1          K150
MPP
OUT         T2          K180
LD          T2
MPS
ANI         T3
OUT         Y004
MRD
OUT         T3          K150
MPP
OUT         T4          K180
LD          Y004
OUT         C4          K3
LD          C4
AND         T4
ANI         T5
OUT         Y001
OUT         Y002
OUT         T5          K100
LD          T5
OUT         C5          K3
LD          C5
ANI         M8013
OUT         Y010
LD          T6
ZRST        M0          M2
ZRST        T0          T6
ZRST        C0          C5
END
```

（4）输入程序并进行调试

根据原理图连接 PLC 线路，检查无误后将本程序下载到 PLC 中，运行程序，观察控制过程。

4. 任务评价

完成任务后，对整个任务的完成情况进行评价考核，评价项目和评价标准见表 3-3-10。

表 3-3-10　任务学习评价表

评价项目		评价内容	配分	评价标准	自评（40%）	小组互评（30%）	教师评价（30%）
课堂学习能力		学习态度与能力	10	态度端正、学习积极			
思维拓展能力		拓展学习的表现与应用	5	积极地拓展学习并能正确应用			
团结协作意识		分工协作，积极参与	5	有分工，参与积极			
语言表达能力		正确清楚地表达观点	5	正确、清楚地表达观点			
学习过程	程序编制、调试、运行、工艺	外部接线	10	按照电路图正确选择元件、安装、接线			
		I/O 分配	10	合理正确			
		程序设计	20	完成程序编写且程序规范、合理			
		程序调试与运行	25	正确输入程序，能排除故障，符合控制要求			
安全文明生产		做到 7S 文明生产	10	安全、文明、规范			
总评价成绩		组长签字		教师签字			

任务六　车库门自动开闭控制

1. 任务描述

用 PLC 实现车库门自动开闭控制。控制要求如下：

如图 3-3-18 所示，车库的门内外各有一红外传感器，用来检测是否有车通过，当有车要进车库时，门外传感器检测到有车来，门自动打开，车开进车库，开到上限时，开门过程结束。当门内传感器检测到车已通过时，开始关门，碰到下限，关门结束。当车要出车库时，门内传感器检测到有车通过，车库门打开，当车通过门外传感器后，车库门自动关上。

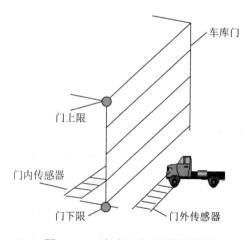

图 3-3-18　车库门自动开闭系统

2. 任务分析

本任务为车库门自动开闭控制。其中，车库门的开闭由相应的传感器进行检测，并将信号传给控制器，控制器进行信号处理后发出相应的控制指令。

3. 任务实施

上述对车库门自动开闭控制工作过程做了详细分析，下面用 PLC 实现该控制过程。

（1）确定 I/O 点数及地址分配

根据对任务的分析可知，本任务的输入信号有门内传感器、门外传感器、门上限、门下限共 4 个；输出信号有车库门电动机正转、车库门电动机反转共 2 个；输入、输出信号一共 6 个。I/O 地址分配如表 3-3-11 所示。

表 3-3-11　I/O 地址分配表

输入		输出	
门内传感器	X0	车库门电动机正转 KM1	Y0
门外传感器	X1		
门上限	X2	车库门电动机反转 KM2	Y1
门下限	X3		

（2）设计控制电路

车库门自动开闭控制电路接线图如图 3-3-19 所示。

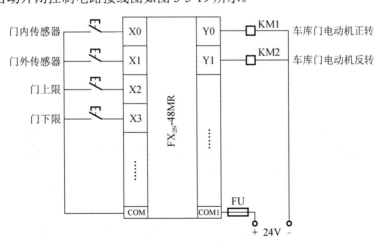

图 3-3-19　车库门自动开闭控制电路接线图

（3）设计控制程序

用 FX₂N 系列 PLC 按工艺要求画出梯形图，写出指令表。

1）梯形图参考程序如图 3-3-20 所示。

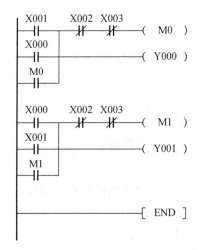

图 3-3-20　车库门自动开闭控制程序

2）指令表程序如下：

```
LD        X001
OR        X000
OR        M0
ANI       X002
ANI       X003
OUT       M0
OUT       Y000
LD        X000
OR        X001
OR        M1
ANI       X002
ANI       X003
OUT       M1
OUT       Y001
END
```

（4）输入程序并进行调试

根据原理图连接 PLC 线路，检查无误后将本程序下载到 PLC 中，运行程序，观察控制过程。

4. 任务评价

完成任务后，对整个任务的完成情况进行评价考核，评价项目和评价标准如表 3-3-12 所示。

表 3-3-12　任务学习评价表

评价项目	评价内容	配分	评价标准	自评（40%）	小组互评（30%）	教师评价（30%）
课堂学习能力	学习态度与能力	10	态度端正、学习积极			
思维拓展能力	拓展学习的表现与应用	5	积极地拓展学习并能正确应用			
团结协作意识	分工协作，积极参与	5	有分工，参与积极			

续表

评价项目		评价内容	配分	评价标准	自评（40%）	小组互评（30%）	教师评价（30%）
语言表达能力		正确清楚地表达观点	5	正确、清楚地表达观点			
学习过程	程序编制、调试、运行、工艺	外部接线	10	按照电路图正确选择元件、安装、接线			
		I/O 分配	10	合理正确			
		程序设计	20	完成程序编写且程序规范、合理			
		程序调试与运行	25	正确输入程序，能排除故障，符合控制要求			
安全文明生产		做到 7S 文明生产	10	安全、文明、规范			
总评价成绩			组长签字		教师签字		

任务七　装料小车自动控制

1. 任务描述

用 PLC 实现对装料小车的自动控制，如图 3-3-21 所示。控制要求如下。

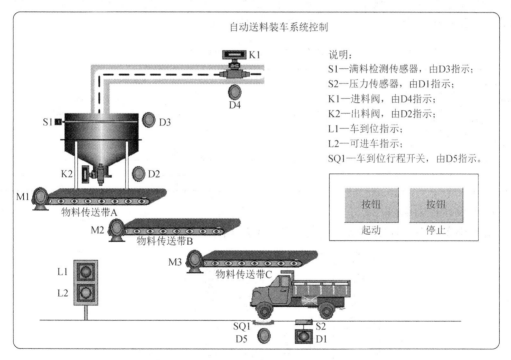

图 3-3-21　自动送料装车系统

（1）初始状态

红灯 L1 灭，绿灯 L2 亮，表明准许汽车开进装料。料斗出料口 K2 关闭，电动机 M1、M2 和 M3 皆为 OFF。

（2）装车控制

进料：如料斗中料不满（S1 为 OFF），5s 后进料阀 K1 开启，当料满（S1 为 ON）时，中止进料。

装车：当汽车开进到装车位置（SQ1 为 ON 时，红灯 L1 亮，绿灯 L2 灭；同时起动 M3，经 2s 后起动 M2，再经 2s 后起动 M1，再经 2s 后打开料斗（K2 为 ON）出料。

当车装满（压力传感器 S2 为 ON）时，料斗 K2 关闭，2s 后 M1 停止，M2 在 M1 停止 2s 后停止，M3 在 M2 停止 2s 后停止，同时红灯 L1 灭，绿灯 L2 亮，表明汽车可以开走。

（3）系统起停控制

按下起动按钮，系统开始工作（进入初始状态）；按下停止按钮，整个系统中止运行。

2．任务分析

本任务为装料小车的自动控制。汽车进场装料由灯 L1、L2 作为指示；物料传送过程是一个典型的电动机顺序起动逆序停止控制过程，PLC 可根据相应信号做出动作。

3．任务实施

上述对装料小车的自动控制工作过程做了详细分析，下面用 PLC 实现该控制过程。

（1）确定 I/O 点数及地址分配

根据对任务的分析可知，本任务的输入信号有起动按钮、停止按钮、满料检测传感器、压力传感器，共 4 个；输出信号有进料阀、出料阀、红灯、绿灯、物料传送带 A、物料传送带 B、物料传送带 C，共 7 个。I/O 地址分配如表 3-3-13 所示。

表 3-3-13　I/O 地址分配表

输入		输出	
起动按钮	X0	进料阀	Y0
停止按钮	X3	绿灯	Y3
满料检测传感器	X1	出料阀	Y1
压力传感器	X2	红灯	Y2
—	—	物料传送带 A	Y11
—	—	物料传送带 B	Y12
—	—	物料传送带 C	Y13

（2）设计控制电路

装料小车的自动控制电路接线图如图 3-3-22 所示。

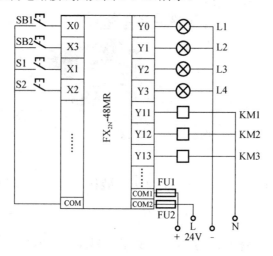

图 3-3-22　装料小车的自动控制电路接线图

（3）设计控制程序

用 FX₂N 系列 PLC 按工艺要求画出梯形图，写出指令表。

1）梯形图参考程序如图 3-3-23 所示。

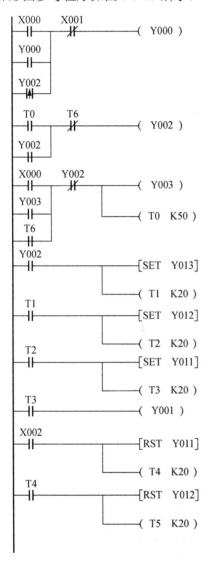
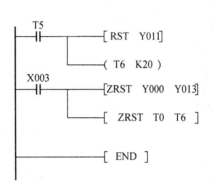

图 3-3-23 装料小车的自动控制程序

2）指令表程序如下：

```
LD          X000
OR          Y000
ORP         Y002
ANI         X001
OUT         Y000
LD          T0
OR          Y002
```

```
ANI      T6
OUT      Y002
LD       X000
OR       Y003
OR       T6
ANI      Y002
OUT      Y003
OUT      T0        K50
LD       Y002
SET      Y013
OUT      T1        K20
LD       T1
SET      Y012
OUT      T2        K20
LD       T2
SET      Y011
OUT      T3        K20
LD       T3
OUT      Y001
LD       X002
RST      Y011
OUT      T4        K20
LD       T4
RST      Y012
OUT      T5        K20
LD       T5
RST      Y011
OUT      T6        K20
LD       X003
ZRST     Y000      Y013
ZRST     T0        T6
END
```

（4）输入程序并进行调试

根据原理图连接 PLC 线路，检查无误后将本程序下载到 PLC 中，运行程序，观察控制过程。

4. 任务评价

完成任务后，对整个任务的完成情况进行评价考核，评价项目和评价标准如表 3-3-14 所示。

表 3-3-14　任务学习评价表

评价项目	评价内容	配分	评价标准	自评（40%）	小组互评（30%）	教师评价（30%）
课堂学习能力	学习态度与能力	10	态度端正、学习积极			

续表

评价项目		评价内容	配分	评价标准	自评 （40%）	小组互评 （30%）	教师评价 （30%）
思维拓展能力		拓展学习的表现与应用	5	积极地拓展学习并能正确应用			
团结协作意识		分工协作，积极参与	5	有分工，参与积极			
语言表达能力		正确清楚地表达观点	5	正确、清楚地表达观点			
学习过程	程序编制、调试、运行、工艺	外部接线	10	按照电路图正确选择元件、安装、接线			
		I/O 分配	10	合理正确			
		程序设计	20	完成程序编写且程序规范、合理			
		程序调试与运行	25	正确输入程序，能排除故障，符合控制要求			
安全文明生产		做到 7S 文明生产	10	安全、文明、规范			
总评价成绩			组长签字		教师签字		

知识测评

1．想一想

（1）在任务一中，如果要求花园喷泉在按下按钮 SB1 时，开始喷水；按下按钮 SB2 时，停止喷水，应怎样编写控制程序？

（2）在任务三中，如果 L1～L9 逐个点亮并循环 3 次后所有灯熄灭，应如何编写控制程序？

（3）在任务五的基础上，若用数码管显示大循环次数 1→2→3，该如何编写控制程序？

2．讲一讲

（1）LED 数码管具有怎样的特点？PLC 编程时如何显示数码？

（2）请查阅相关资料，说一说红外传感器的工作原理。

（3）请查阅相关资料，说一说压力传感器的工作原理。

3．练一练

设计一个四组抢答器控制系统，控制要求：任何一组抢先按下按钮后，七段数码显示器能及时显示该组的编号并使蜂鸣器发出响声，同时锁住抢答器，使其他组按键无效，只有按下复位开关后方可再次抢答。

4．应用拓展

（1）某花园有两个喷泉分别为 1# 和 2#。控制要求：按下起动按钮，1# 喷泉开始喷水，1# 喷泉工作 10s 后停止喷水，2# 喷泉开始喷水，2# 喷泉工作 10s 后停止喷水，1# 喷泉又开始喷水，两个喷泉如此往复循环工作。请规范设计，完成主电路、控制电路、I/O 地址分配及 PLC 程序设计。

（2）喷泉控制设计：有 A、B、C 三组喷头，要求按下起动按钮后 A 组先喷 5s，之后

B、C 同时喷，5s 后 B 停止，再过 5s，C 停止而 A、B 同时喷，再过 2s，C 也喷；A、B、C 同时喷 5s 后全部停止，再过 3s 重复前面过程；当按下停止按钮后，马上停止。时序图如图 3-3-24 所示。试编出 PLC 的控制程序。

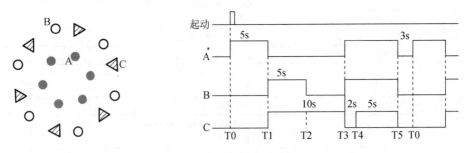

图 3-3-24　喷泉工作时序图

（3）交通灯监控系统模型如图 3-3-25 所示，工作过程如下：

系统起动后，数码管全亮，时间为 3s，然后进行 3s 倒计时，数码管显示"3"→"2"→"1"，"1"显示 1s 后数码管全灭，进入交通灯工作系统。

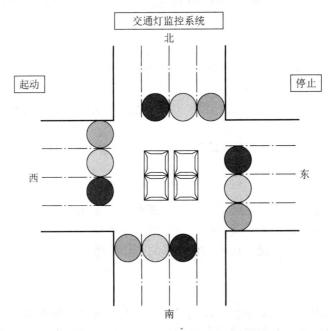

图 3-3-25　交通灯监控系统模型

东西方向：绿灯发光 27s→绿灯闪烁 3 次（每秒 1 次）→黄灯发光 5s→红灯发光 35s。

南北方向：红灯发光 35s→绿灯发光 27s→绿灯闪烁 3 次（每秒 1 次）→黄灯发光 5s。

要求：

① 用按钮 SB1、SB2 做起动停止控制。SB3 做单周期与连续运行控制，即 SB3 断开时，做单周期运行；SB3 闭合时，做连续运行。

② 当南北绿灯闪烁时，数码管同时进行倒计时。数码管只在系统起动和南北绿灯闪烁时工作。

③ 进行违章报警。东西或南北红灯工作时，只要有汽车闯红灯，蜂鸣器和红灯 HL1 就以 2Hz 的频率进行声光报警，报警时间为 5s。用 SB4、SB5 分别模拟南北方向汽车。

（4）铁塔之光控制系统设计。控制要求：按下起动按钮后，系统从状态 1→状态 8 做循环显示，控制系统可随时停止。

状态 1：L2→L3→…→L8→L9 逐个点亮（不保持），每盏灯间隔 1s。

状态 2：状态 1 结束后 L1 以 1Hz 的频率闪烁，闪烁 5 次。

状态 3：状态 2 结束后，铁塔之光变换为如下形式 L2/L3→L4/L5→L6/L7→L8/L9（不保持），时间间隔为 1s。

状态 4：状态 3 结束后 L1 以 1Hz 的频率闪烁，闪烁 5 次。

状态 5：状态 4 结束后，铁塔之光变换为如下形式 L2/L3/L4/L5→L6/L7/L8/L9（不保持），时间间隔为 1s。

状态 6：状态 5 结束后 L1 以 1Hz 的频率闪烁，闪烁 5 次。

状态 7：状态 6 结束后，铁塔之光变换为如下形式 L2/L3/L4/L5/L6/L7/L8/L9 全亮（保持 15s）。

状态 8：状态 7 结束后 L1 以 2Hz 的频率闪烁，闪烁 10 次。

（5）请完成如下 PLC 程序设计：

① 按下起动按钮 X0 后系统进入工作状态，按下停止按钮 X1 后系统停止工作。

② 系统工作状态：按下起动按钮 X0 后，数码管从 0 到 9 做循环显示，时间间隔为 0.5s；当按下暂停按钮 X2 时，数码显示当前值，暂停复位后，继续做循环显示。

（6）完成五组抢答器的程序设计（控制要求同四组抢答器）。

（7）在任务六的基础上，完成如下控制：车库门外有一数字牌，用来显示车库内停车的数量，当车库内停满 10 辆车后，如外面再有车进来，车库门不开，但车库内的车可以开出车库，试用 PLC 编出控制程序，完成车库门的控制。

（8）用 PLC 实现对装料小车自动控制系统的设计，控制系统的工艺流程示意图如图 3-3-26 所示。控制要求如下：

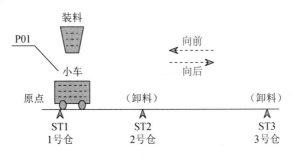

图 3-3-26　装料小车自动控制

① 按下起动按钮 P01，装料小车在 1 号仓装料 10s 后，第一次由 1 号仓送料到 2 号仓，停留 5s 卸料，然后空车返回 1 号仓，停留 10s 装料。

② 装料小车第二次由 1 号仓送料到 3 号仓，停留 8s 卸料，然后空车返回到 1 号仓，停留 10s 装料。

③ 重复进行上述工作过程。

④ 按下停止按钮（P02），小车立即停止。

单元四 三菱 FX₂ₙ 系列 PLC 步进顺序控制编程

在工业控制中，除了过程控制系统外，大部分的控制系统属于顺序控制系统。FX 系列 PLC 除了 27 条基本指令外，还有两条简单的步进指令，其目标元件是状态器，用类似于顺序功能图语言的状态转移图方式编程。这种编程方法可用于编制复杂的顺序控制程序，此梯形图更加直观，也为更多的电气技术人员所接受。

项目一 步进顺序控制

学习目标

1. 了解顺序控制的特点。
2. 掌握状态转移图的状态三要素及状态元件的用途和特点。
3. 会绘制状态转移图。

一、顺序控制简介

机械设备的动作过程大多数是按工艺要求预先设计的逻辑顺序或时间顺序的工作过程，即在现场开关信号的作用下，起动机械设备的某个机构动作后，该机构在执行任务中发出另一现场开关信号，继而起动另一机构动作，如此按步进行下去，直至全部工艺过程结束，这种由开关元件控制的按步控制的方式，称为顺序控制。

我们先看一个例子：三台电动机顺序控制系统。要求：按下按钮 SB1，电动机 1 起动；当电动机 1 起动后，按下按钮 SB2，电动机 2 起动；当电动机 2 起动后，按下按钮 SB3，电动机 3 起动；当三台电动机起动后，按下按钮 SB4，电动机 3 停止；当电动机 3 停止后，按下按钮 SB5，电动机 2 停止；当电动机 2 停止后，按下按钮 SB6，电动机 1 停止。三台电动机的起动和停止分别由接触器 KM1、KM2、KM3 控制。控制流程和梯形图程序如图 4-1-1 和图 4-1-2 所示。

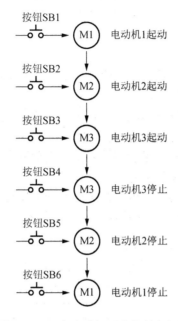

图 4-1-1　三台电动机顺序控制流程图

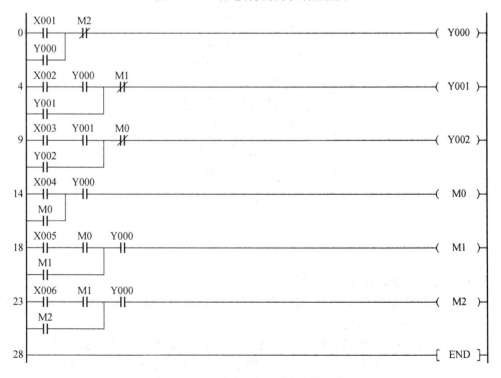

图 4-1-2　三台电动机顺序控制梯形图

从图 4-1-2 中可以看出，为了达到本次的控制要求，图中又增加了三只辅助继电器，其功能读者可自行分析。用梯形图或指令表方式编程固然广为电气技术人员接受，但对于一个复杂的控制系统，尤其是顺序控制程序，由于内部的联锁、互动关系极其复杂，其梯形图往往长达数百行，通常要由熟练的电气工程师才能编制出这样的程序。另外，如果在梯形图上不加注释，则这种梯形图的可读性也会大大降低。

二、状态转移图

梯形图由于其编程简单、使用方便等优点，受到了很多技术人员的青睐，但在一些工艺流程控制方面，还存在以下缺点。

1）自锁、互锁等联锁关系设计复杂，易出错，检查麻烦。

2）难以直接看出具体工艺控制流程及任务。

为此，人们经过不懈努力开发了状态转移图，也称顺序功能图，它不仅具有流程图的直观，而且能够方便处理复杂控制中的逻辑关系。

为了说明状态转移图，现将三台电动机顺序控制的流程中各个控制步骤用工序表示，并将各个工序连接成如图 4-1-3 所示工序图，这就是状态转移图的雏形。

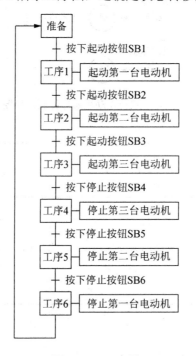

图 4-1-3　工序图

从图 4-1-3 可看到，该图有以下特点。

1）将复杂的任务或过程分解成若干个工序（状态）。无论多么复杂的过程均能分化为小的工序，有利于程序的结构化设计。

2）相对于某一个具体的工序来说，控制任务得到了简化，给局部程序的编制带来了方便。

3）整体程序是局部程序的综合，只要弄清楚工序成立的条件、工序转移的条件和方向，就可进行这类图形的设计。

4）这种图很容易理解，可读性很强，能清晰地反映全部控制工艺过程。

其实将图中的"工序"更换为"状态"，就得到了状态转移图——状态编程法的重要工具。状态编程的一般思想：将一个复杂的控制过程分解为若干个工作状态，弄清楚各状态的工作细节（状态的功能、转移条件和转移方向）；再依据总的控制顺序要求将这些状态联系起来，形成状态转移图，进而编绘梯形图程序，如图 4-1-4 所示。

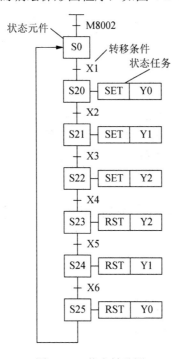

图 4-1-4　状态转移图

在状态转移图中，一个完整的状态包括以下三部分。

1）状态任务，即本状态做什么。

2）状态转移条件，即满足什么条件实现状态转移。

3）状态转移方向，即转移到什么状态中去。

三、FX₂N 的状态元件 S

FX₂N 系列 PLC 中规定状态继电器 S 为控制元件，状态继电器有 S0～S999 共 1000 点，其分类、元件编号、数量及用途如表 4-1-1 所示。

表 4-1-1　状态继电器 S 信息表

分类	元件编号	数量	用途
初始状态	S0～S9	10	用作初始状态
返回原点状态	S10～S19	10	多运行模式中，用作返回原点的状态
一般状态	S20～S499	480	用作中间状态
断电保持状态	S500～S899	400	用作停电恢复后需继续执行的场合
信号报警状态	S900～S999	100	用作报警元件

注：1. 状态的编号必须在指定范围内选择。

2. 各状态元件的触点在 PLC 内部可自由使用，次数不限。

3. 在不用步进顺控指令时，状态元件可作为辅助继电器在程序中使用。

4. 通过参数设置，可改变一般状态元件和断电保持状态元件的地址分配。

━━━━━━ 知 识 测 评 ━━━━━━

1. 讲一讲

（1）什么是顺序控制？

（2）什么是状态转移图？

2. 填一填

（1）初始状态的元件编号为_____。

（2）用作停电恢复后需继续执行的场合的状态继电器元件编号为_____。

（3）用作中间状态的状态继电器元件编号为_____。

项目二　步进顺序控制指令及状态转移图的编制

学习目标

1. 掌握步进顺序控制指令的编程方法。
2. 熟练掌握状态转移图的编制要点。

一、步进顺序控制指令

FX$_{2N}$ 系列 PLC 有两条步进顺序控制指令（简称"步进指令"）：步进接点指令和步进结束指令，其指令助记符、梯形图符号及功能如表 4-2-1 所示。

表 4-2-1　步进顺序控制指令说明

指令名称	助记符	梯形图符号	功能
步进接点指令	STL	─┤├─ S	步进接点驱动
步进结束指令	RET	──[RET]	步进程序结束返回

1. STL——步进接点指令

STL 指令的操作元件是状态继电器 S，STL 指令的意义为激活某个状态。在梯形图上体现为从主母线上引出的状态接点。STL 指令有建立子母线的功能，以使该状态的所有操作均在子母线上进行，如图 4-2-1 所示。

```
STL    S20     使用 STL 指令,激活状态继电器 S20
SET    Y000    驱动负载
LD     X002    转移条件
SET    S21     转移方向（目标）处理
STL    S21     使用 STL 指令,激活状态继电器 S21
```

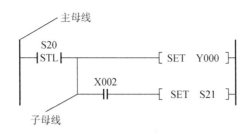

图 4-2-1　STL 指令梯形图

STL 指令使用要求如下。

1）步进接点指令在梯形图上体现为从主母线引出的状态接点，具有建立子母线的功能，以使该状态的操作均在子母线上进行，与该子母线连接的接点要用 LD 或 LDI 指令开始。

2）只有当步进接点处于激活状态时，其后面的电路才会动作；如果步进接点指令未激活，则该步进接点后的所有电路将被跳过不扫描。

3）允许同一元件的线圈在不同的 STL 接点后多次使用，但定时器线圈不能在相邻的状态中出现。

4）STL 指令的新母线上可以有多个线圈同时输出，但经 LD 或 LDI 指令编程后，输出指令不得与新母线相连。

5）STL 指令可以驱动 Y、M、S、T，若要保持元件的输出结果应使用 SET/RST 指令；同一状态寄存器只能使用一次。

6）在执行完所有 STL 指令后，为防止出现逻辑错误，一定使用 RET 指令表示步进功能结束，子母线返回主母线。

2．RET——步进返回指令

RET 指令没有操作元件。RET 指令的功能：当步进顺序控制程序执行完毕时，使子母线返回原来主母线的位置，以便非状态程序的操作在主母线上完成，防止出现逻辑错误。

RET 指令梯形图如图 4-2-2 所示。

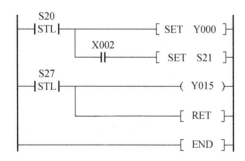

图 4-2-2　RET 指令梯形图

指令表如下：

```
STL             S20
SET             Y000
```

```
LD          X002
SET         S21
STL         S27
OUT         Y015
RET
END
```

在每条步进指令后面，不必都加一条 RET 指令，只需在一系列步进指令的最后加一条 RET 指令即可。状态转移程序的结尾必须有 RET 指令。

二、状态转移图

SFC 语言是一种通用的状态转移图语言，用于编制复杂的顺序控制程序，不同厂家生产的 PLC 中用 SFC 语言编制的程序极易相互变换。利用这种先进的编程方法，初学者也很容易编出复杂的程序，成熟的电气工程师用这种方法后也能大大提高工作效率。

步进指令仅适用于顺序控制系统，使用步进指令时，首先要按照控制系统的具体要求画出其相应的步状态功能图；再根据步进指令的使用规则，直接将功能图转换成相应的梯形图。

状态转移图（图 4-2-3）中，每个状态都具备下列三要素。

1）驱动负载，即该状态所要执行的任务。表达输出可用 OUT 指令，也可用 SET 指令。二者的区别在于使用 SET 指令驱动的输出可以保持下去直至使用 RST 指令使其复位，而 OUT 指令在本状态关闭后自动关闭。图 4-2-3 中的 Y0 就是状态 S20 的驱动负载。

2）转移条件，即在什么条件下状态间实现转移。转移条件可以是单一的，也可以是多个元件的串并联。图 4-2-3 中的 X2 就是状态 S20 实现转移的条件。

3）转移目标，即转移到什么状态。图 4-2-3 中的 S21 为状态 S20 的转移目标。转移目标若是顺序非连续转移，转移指令不应使用 SET，而应使用 OUT，如图 4-2-4 所示。

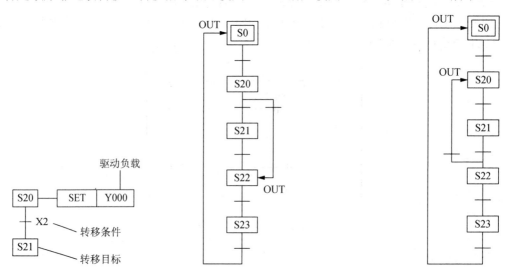

图 4-2-3 状态转移图   图 4-2-4 非连续状态转移图

三、单流程步进顺序控制

单流程是指状态转移只可能有一种顺序。电动机顺序控制过程只有一种顺序：起动电动机 1→起动电动机 2→起动电动机 3→停止电动机 3→停止电动机 2→停止电动机 1，没有其他可能，所以称为单流程。

下面仍以电动机顺序控制为例，说明运用状态编程思想编写步进顺序控制程序的方法和步骤。

1. 状态转移图的设计

1）将整个工作过程按任务要求分解，其中的每个工序均对应一个状态，并分配状态元件：

① 准备（初始状态）：S0；

② 起动电动机 1：S20；

③ 起动电动机 2：S21；

④ 起动电动机 3：S22；

⑤ 停止电动机 3：S23；

⑥ 停止电动机 2：S24；

⑦ 停止电动机 1：S25。

注意： 不同工序，状态继电器编号也不同。一个状态（步）用一个矩形框来表示，中间写上状态元件编号用以标示。一个步进顺序控制程序必须要有一个初始状态，一般状态和初始状态的符号如图 4-2-5 和图 4-2-6 所示。

图 4-2-5　一般状态

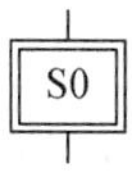

图 4-2-6　初始状态

2）弄清每个状态的状态任务（驱动负载）：

① S0：PLC 加电做好工作准备；

② S20：起动电动机 1（SET　Y0）；

③ S21：起动电动机 2（SET　Y1）；

④ S22：起动电动机 3（SET　Y2）；

⑤ S23：停止电动机 3（RST　Y2）；

⑥ S24：停止电动机 2（RST　Y1）；

⑦ S25：停止电动机 1（RST　Y0）。

用右边的一个矩形框表示该状态对应的状态任务，多个状态任务对应多个矩形框。各状态的功能是通过 PLC 驱动各种负载来完成的。负载可由状态元件直接驱动，也可由其他软元件触点的逻辑组合驱动，如图 4-2-7 和图 4-2-8 所示。

3）找出每个状态的转移条件，即在什么条件将下个状态"激活"。状态转移图就是状态和状态转移条件及转移方向构成的流程图。经分析可知，本例中各状态的转移条件如下：

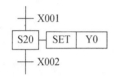

① S0：转移条件按下 SB1；
② S20：转移条件按下 SB2；
③ S21：转移条件按下 SB3；
④ S22：转移条件按下 SB4；
⑤ S23：转移条件按下 SB5；
⑥ S24：转移条件按下 SB6。

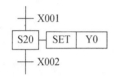

图 4-2-7　直接驱动

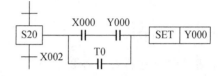

图 4-2-8　软元件组合驱动

用一个有向线段来表示状态转移的方向，从上向下画时可以省略箭头；当有向线段从下向上画时，必须画上箭头，以表示方向。状态之间的有向线段上再用一段横线表示这一转移条件。状态的转移条件可以是单一的，也可以有多个元件的串、并联组合，如图 4-2-9 和图 4-2-10 所示。

图 4-2-9　单一条件

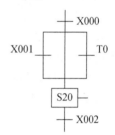

图 4-2-10　多条件组合

经过以上三步，可得到电动机顺序控制的状态转移图，如图 4-2-11 所示。

2．单流程状态转移图的编程要点

1）状态编程的基本原则：激活状态，先进行负载驱动，再进行状态转移，顺序不能颠倒。

2）使用 STL 指令将某个状态激活，该状态下的负载驱动和转移才有可能。若对应状态是关闭的，则负载驱动和状态转移不可能发生。

3）除初始状态下，其他所有状态只有在其前一个状态被激活且转移条件满足时才能被激活，同时一旦下一个状态被激活，上一个状态自动关闭。因此，对于单流程状态转移图来说，同一时间只有一个状态是激活的。

4）若为顺序连续转移（即按状态继电器元件编号顺序向下），使用 SET 指令进行状态转移；若为顺序不连续转移，不能使用 SET 指令，应改用 OUT 指令进行状态转移。

5）状态的顺序可自由选择，不一定非要按 S 编号的顺序选用，但在一系列的 STL 指令的最后，必须写入 RET 指令。

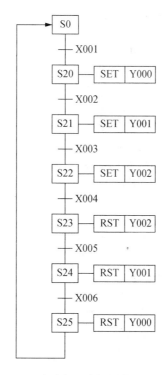

图 4-2-11　电动机顺序控制的状态转移图

6）在 STL 电路不能使用 MC 指令，MPS 指令也不能紧接 STL 触点后使用。

7）初始状态可由其他状态驱动，但运行开始必须用其他方法预先做好驱动，否则状态流程不可能向下进行。一般用系统的初始条件，若无初始条件，可用 M8002（PLC 从 STOPRUN 切换时的初始脉冲）进行驱动。

8）在步进程序中，允许同一状态元件不同时"激活"的"双线圈"是允许的。同一定时器和计数器不要在相邻的状态中使用，可以隔开一个状态使用。在同一程序段中，同一状态继电器只能使用一次。

9）状态元件 S500～S899 在停电时可由备用锂电池供电，因此在运行中途发生停电，再通电时要继续运行的场合，请使用这些状态元件。

3. 三台电动机顺序控制系统的 STL 编程

根据状态转移图和编程要点可设计状态梯形图（图 4-2-12）和顺序控制指令表程序。
电动机顺序控制指令表程序：

```
LD      M8002       初始脉冲
SET     S0          状态转移 S0
STL     S0          激活初始状态 S0
LD      X001        转移条件 X001
SET     S20         状态转移 S20
STL     S20         激活状态 S20
SET     Y000        驱动负载
```

LDP	X002	转移条件 X002
SET	S21	状态转移 S21
STL	S21	激活状态 S21
SET	Y001	驱动负载
LDP	X003	转移条件 X003
SET	S22	状态转移 S22
STL	S22	激活状态 S22
SET	Y002	驱动负载
LDP	X004	转移条件 X004
SET	S23	状态转移 S23
STL	S23	激活状态 S23
RST	Y002	驱动负载
LDP	X005	转移条件 X005
SET	S24	状态转移 S24
STL	S24	激活状态 S24
RST	Y001	驱动负载
LDP	X006	转移条件 X006
SET	S25	状态转移 S25
STL	S25	激活状态 S25
RST	Y000	驱动负载
OUT	S0	状态转移 S0
RET		状态返回指令
END		结束

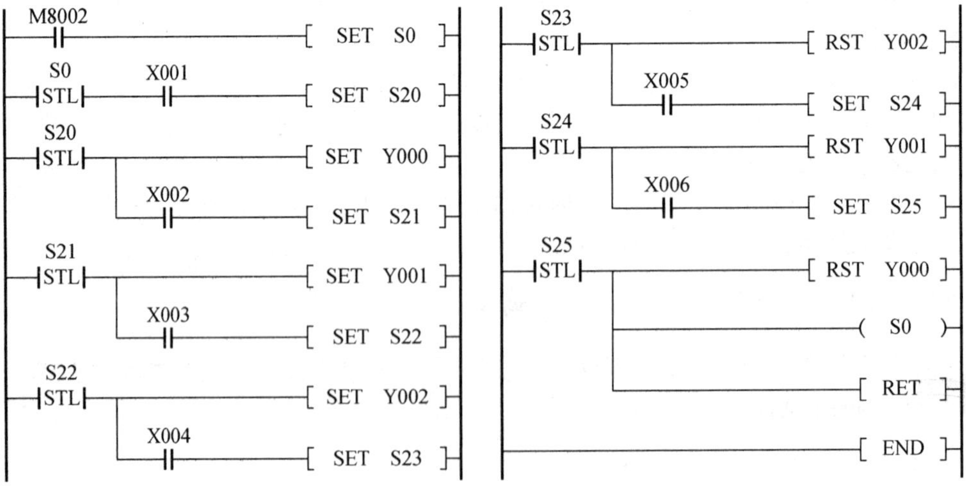

图 4-2-12 电动机顺序控制步进梯形图

想一想：用一只起动按钮（SB1）和一只停止按钮（SB3）实现三台电动机的顺序起停控制，每按一次按钮能顺序起停一台电动机。工序图如图 4-2-13 所示。请设计出 PLC 接线、电气控制原理图、状态转移图和指令表程序。

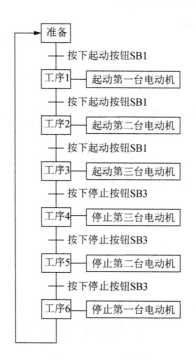

图 4-2-13　工序图

四、选择性流程步进顺序控制

1. 选择性分支状态转移图的特点

从多个分支流程顺序中根据条件选择执行其中一个分支，而其余分支的转移条件不能满足，即每次只满足一个分支转移条件的分支方式称为选择性分支。图 4-2-14 所示就是一个选择性分支的状态转移图。

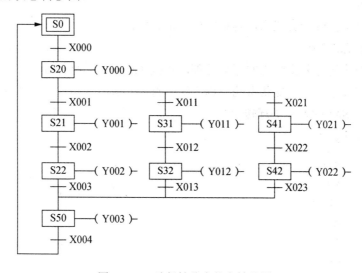

图 4-2-14　选择性分支状态转移图

从图 4-2-14 中可以看出该图具有如下特点。

1）该图具有三个分支流程顺序。

2）S20 为分支状态。

3）S50 为汇合状态，它可由 S22、S32、S42 任一状态驱动在转移条件满足时发生状态转移。

根据不同的条件（X0、X10、X20），选择执行其中一个条件满足的分支流程，其分支流程分解图如图 4-2-15 所示。X0 接通时执行图 4-2-15（a），X10 接通时执行图 4-2-15（b），X20 接通时执行图 4-2-15（c）。同一时刻最多只能有一个接通状态。例如，当 X10 接通时，S20 向 S31 转移，S20 变为 OFF，此后即使 X0 或 X20 再接通，S21 或 S41 也不会被激活。

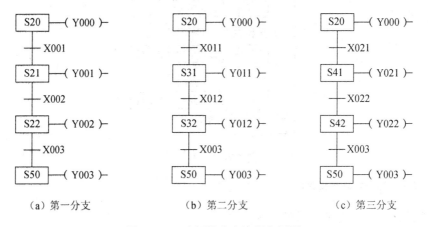

(a) 第一分支   (b) 第二分支   (c) 第三分支

图 4-2-15 选择性分支流程分解图

2. 选择性分支与汇合的编程一般思路

（1）编程原则

先集中处理选择性分支状态，再集中处理汇合状态。

（2）分支状态的编程

编程方法是先进行分支状态的驱动处理，再依顺序进行转移处理，如图 4-2-16 所示，其分支状态程序如下。按分支状态的编程方法，首先对 S20 进行驱动处理（OUT Y0），然后按 S21、S31、S41 的顺序进行转移处理。

分支状态程序如下：

```
STL     S20
OUT     Y000
LD      X001
SET     S21
LD      X011
SET     S31
LD      X021
SET     S41
```

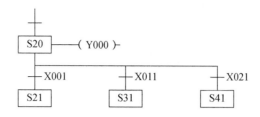

图 4-2-16　选择性分支状态

（3）选择性分支汇合状态的编程

先进行汇合前状态的驱动处理，再依顺序进行向汇合状态的转移处理，如图 4-2-17 所示，其选择性汇合状态程序如下。按照汇合状态的编程方法，依次将 S21、S22、S31、S32、S41、S42 的输出进行处理，然后按顺序进行从 S22（第一分支）、S32（第二分支）、S42（第三分支）向 S50 的转移。

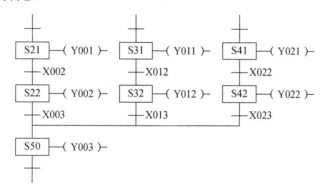

图 4-2-17　选择性分支汇合状态

选择性汇合状态程序如下：

```
STL     S21     第一分支汇合前处理
OUT     Y001
LD      X002
SET     S22
STL     S22
OUT     Y002
STL     S31     第二分支汇合前处理
OUT     Y011
LD      X012
SET     S32
STL     S32
OUT     Y012
STL     S41     第三分支汇合前处理
OUT     Y021
LD      X022
SET     S42
STL     S42
OUT     Y022
STL     S22     第一分支汇合处理
LD      X003
SET     S50
```

```
STL    S32      第二分支汇合处理
LD     X013
SET    S50
STL    S42      第三分支汇合处理
LD     X023
SET    S50
```

（4）梯形图

选择性分支与汇合状态转移图对应的梯形图，如图 4-2-18 所示。

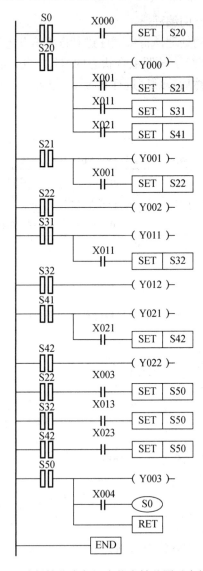

图 4-2-18　选择性分支与汇合状态转移图对应的梯形图

【例 4-2-1】图 4-2-19 所示为大、小球分类选择传送机械装置。控制要求如下：

使用传送带，将大、小球分类选择传送。传送机械的动作顺序为下降、吸住、上升、右行、下降、释放、上升、左行。机械臂下降，当电磁铁压着大球时，下限位开关 LS2 断开；压着小球时，LS2 导通。如果电磁铁吸住大的金属球，则将其送到大球的球箱里；如果电磁铁吸住小的金属球，则将其送到小球的球箱里。

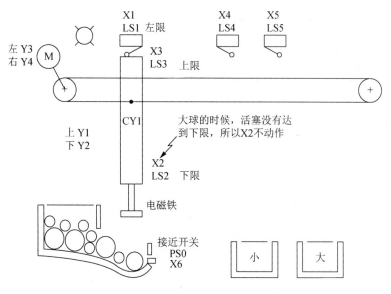

图 4-2-19　大、小球分类选择传送机械装置

1. 任务分析

1）此控制流程根据 LS2 的状态（即对应大、小球）有两个分支，此处应为分支点，且属于选择性分支。

2）分支在机械臂下降之后若 LS2 接通，则将小球吸住、上升、右行到 LS4（小球位置 X4 动作），然后释放、上升、左移到原点。

3）分支在机械臂下降之后若 LS2 断开，则将小球吸住、上升、右行到 LS5（大球位置 X5 动作）处下降，然后释放、上升、左移到原点。此处应为汇合点。

4）状态转移图中有两个分支，若吸住的是小球，则 X2 为 ON，执行左侧流程；若为大球，则 X2 为 OFF，执行右侧流程。

2. 任务实施

（1）I/O 地址分配

PLC I/O 地址分配如表 4-2-2 所示。

表 4-2-2　PLC I/O 地址分配表

输入			输出		
元件	作用	输入继电器	元件	作用	输出继电器
SB1	起动按钮	X0	HL	原点指示灯	Y0
LS1	左限位行程开关	X1	KM1	接触器（上升）	Y1
LS2	下限行程开关	X2	KM2	接触器（下降）	Y2
LS3	上限行程开关	X3	KM3	接触器（左移）	Y3
LS4	小球球箱定位行程开关	X4	KM4	接触器（右移）	Y4

续表

输入			输出		
元件	作用	输入继电器	元件	作用	输出继电器
LS5	大球球箱定位行程开关	X5	YA	电磁铁	Y5
PS0	接近开关	X6			

（2）设计主电路

主电路如图4-2-20所示。

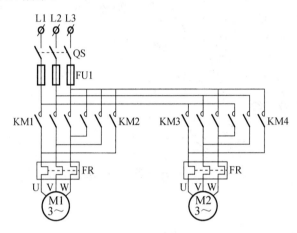

图 4-2-20　主电路

（3）设计控制电路

控制电路如图 4-2-21 所示。

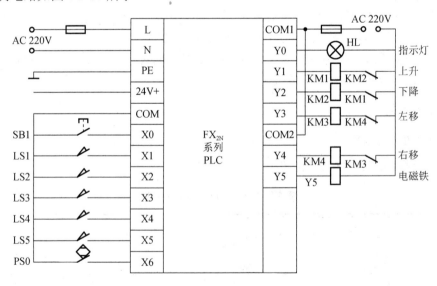

图 4-2-21　控制电路

（4）设计状态转移图

用 FX$_{2N}$ 系列 PLC 按工艺要求画出状态转移图，如图 4-2-22 所示。

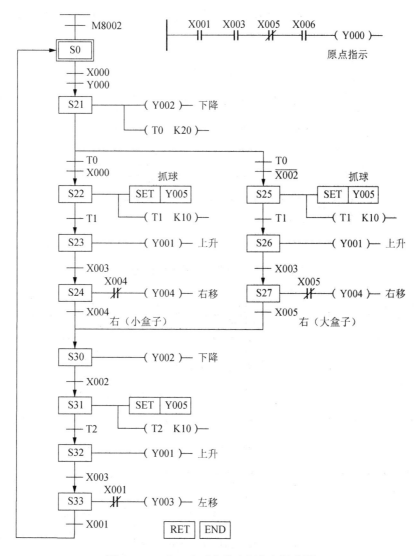

图 4-2-22 大、小球分类选择状态转移图

（5）输入程序并进行调试

根据原理图连接 PLC 线路，检查无误后将本程序下载到 PLC 中，运行程序，观察控制过程。

五、并行性流程步进顺序控制

并行性流程是指多个流程分支可同时执行的分支流程，如图 4-2-23 所示。

1. 并行分支状态转移图的特点

在图 4-2-23 中，当 X0 接通时，S20 同时向 S21、S31、S41 三个状态转移，三个分支同时运行扫描；同时，只有在 S22、S32、S42 三个状态任务都运行结束后，且转移条件 X2 接通，才能使得 S50 激活，S22、S32、S42 同时复位。若有一个没有运行结束，即使 X2

接通，S50 也不会被激活，这种汇合也称"排队汇合"。图 4-2-23 所示的并行分支状态转移图的并行分支流程分解图如图 4-2-24 所示。

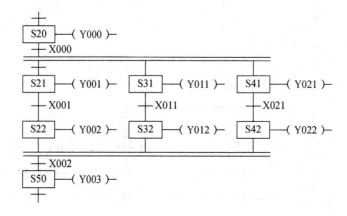

图 4-2-23　并行分支状态转移图

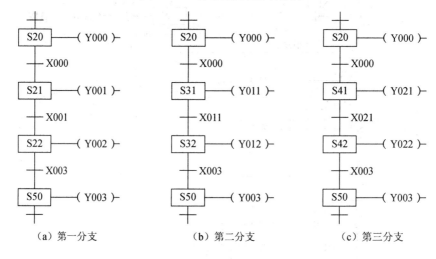

（a）第一分支　　　　　（b）第二分支　　　　　（c）第三分支

图 4-2-24　并行分支流程分解图

2. 并行分支与汇合编程的一般思路

（1）编程原则

先集中处理并行分支状态，再集中处理汇合状态。

（2）并行分支的编程

编程方法是首先进行驱动处理，然后按顺序进行状态转移处理。以分支状态 S20 为例，如图 4-2-25 所示，其并行分支状态的程序如下。S20 的驱动负载为 Y0，转移目标为 S21、S31、S41。按照并行分支编程方法，应先进行 Y0 的输出，然后依次进行状态 S21、S31、S41 的转移。

并行分支状态程序如下：

```
STL    S20
OUT    Y000
LD     X000
SET    S21
```

```
SET          S31
SET          S41
```

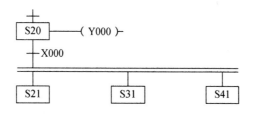

图 4-2-25 并行分支状态

（3）并行分支汇合状态的编程

并行分支汇合状态转移图如图 4-2-26 所示。编程方法是首先进行汇合前状态的驱动处理，然后按顺序进行汇合状态的转移处理。以汇合状态 S50 为例，按照并行汇合的编程方法，先按分支顺序对 S21、S22、S31、S32、S41、S42 进行输出处理，然后依次向 S50 转移，程序如下。

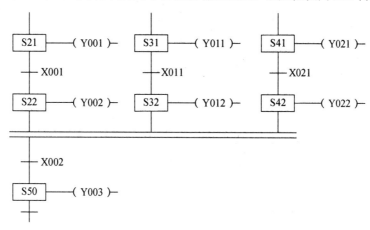

图 4-2-26 并行分支汇合状态转移图

并行分支汇合状态的程序：

```
STL          S21          第一分支汇合前处理
OUT          Y001
LD           X001
SET          S22
STL          S22
OUT          Y002
STL          S31          第二分支汇合前处理
OUT          Y011
LD           X011
SET          S32
STL          S32
OUT          Y012
STL          S41          第三分支汇合前处理
OUT          Y021
LD           X021
SET          S42
```

```
STL     S42
OUT     Y022
STL     S22        汇合处理
STL     S32
STL     S42
LD      X003
SET     S50
STL     S50
```

（4）梯形图

并行分支与汇合状态转移图对应的梯形图如图 4-2-27 所示。

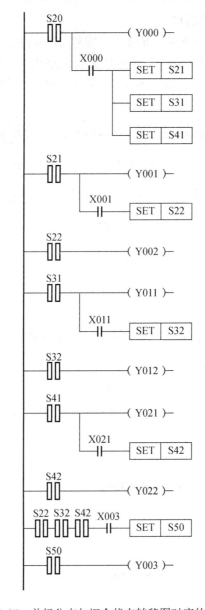

图 4-2-27　并行分支与汇合状态转移图对应的梯形图

（5）并行分支与汇合编程应注意的问题

1）并行分支的汇合最多能实现 8 个分支的汇合，如图 4-2-28 所示。

2）并行分支和汇合流程中，转移条件应该在横线的外面，否则应该进行转化，如图 4-2-29 所示。

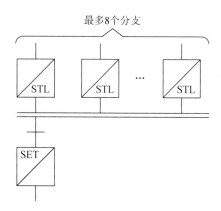

图 4-2-28　并行分支与汇合编程应注意的问题（一）

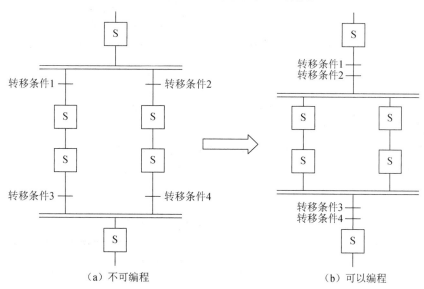

（a）不可编程　　　　　　　　　　（b）可以编程

图 4-2-29　并行分支与汇合编程应注意的问题（二）

【例 4-2-2】图 4-2-30 所示为十字路口交通信号灯示意图。

1. 任务描述

按起动按钮 SB1，信号灯系统开始循环动作；按停止按钮 SB2，信号灯全部熄灭。信号灯控制的具体要求如表 4-2-3 所示。

2. 任务分析

信号灯系统运行周期是 60s，每个周期分为四段双流程控制过程。以东西方向为例：绿灯亮时段（0～20s）、绿灯闪烁时段（20～25s）、黄灯亮时段（25～30s）、红灯亮时段（30～60s）。

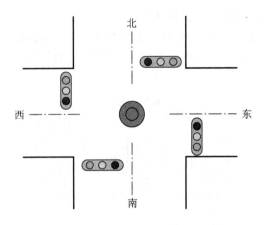

图 4-2-30　十字路口交通信号灯示意图

表 4-2-3　信号灯控制要求

南北	信号	红灯亮	绿灯亮	绿灯闪	黄灯亮
	时间	30s	20s	5s	5s
东西	信号	绿灯亮	绿灯闪	黄灯亮	红灯亮
	时间	20s	5s	5s	30s

3. 任务实施

上述对信号灯系统工作过程做了详细分析，下面用 PLC 实现该控制过程。

（1）确定 I/O 点数及地址分配

根据对任务的分析可知，本任务的输入信号有起动按钮和停止按钮，输出信号为东西红灯、东西绿灯、东西黄灯；南北红灯、南北绿灯、南北黄灯。I/O 地址分配如表 4-2-4 所示。

表 4-2-4　PLC I/O 地址分配表

输入		输出	
起动	X0	南北红灯	Y0
		南北绿灯	Y1
		南北黄灯	Y2
停止	X1	东西红灯	Y3
		东西绿灯	Y4
		东西黄灯	Y5

（2）设计控制电路

控制电路如图 4-2-31 所示。

（3）设计状态转移图

用 FX$_{2N}$ 系列 PLC 按工艺要求画出状态转移图，如图 4-2-32 所示。

（4）输入程序并进行调试

根据原理图连接 PLC 线路，检查无误后将本程序下载到 PLC 中，运行程序，观察控制过程。

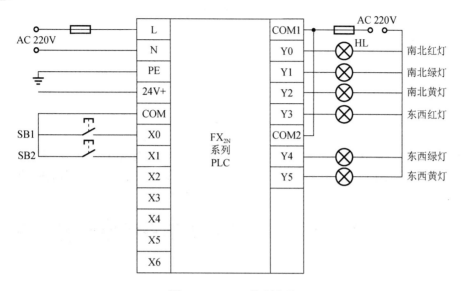

图 4-2-31 PLC 控制电路

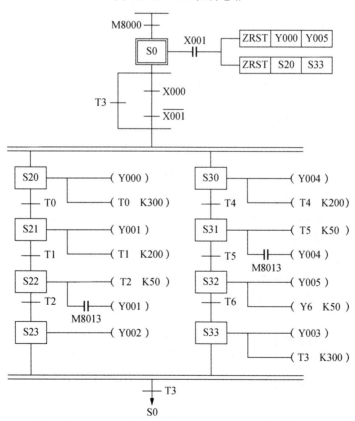

图 4-2-32 十字路口交通信号灯状态转移图

1. 讲一讲

（1）顺序控制指令有哪些？各起什么作用？
（2）状态转移图组成的要素有哪些？

2. 练一练

设计一个彩灯顺序控制系统。要求 A 灯亮 1s，灭 1s；B 灯亮 1s，灭 1s；C 灯亮 1s，灭 1s；D 灯亮 1s，灭 1s；A 灯、B 灯、C 灯、D 灯同时亮 1s，灭 1s；上述过程循环三次后停止。

项目三　FX$_{2N}$ 系列 PLC 步进指令综合应用实训

学习目标

1. 熟悉步进指令的使用方法。
2. 进一步掌握 PLC 应用的基本设计步骤，训练编程的思想和方法。
3. 会 I/O 分配、会设计 I/O 接线图，会编制状态转移图。
4. 能完成软硬件综合调试并实现各个项目的控制要求。

任务一　三个灯顺序发光与闪烁的 PLC 控制

1. 任务描述

用 PLC 的内部定时器实现三个灯（红色指示灯 HL1、黄色指示灯 HL2、绿色指示灯 HL3）顺序发光的控制。控制要求如下。
1）按下起动按钮 SB 后，红灯发光。
2）3s 后红灯熄灭，黄灯发光。
3）5s 后黄灯熄灭，绿灯发光。
4）绿灯发光 2s，闪烁 5 次后熄灭，转入待机状态。

2. 任务分析

三个灯顺序发光与闪烁控制是典型的单流程控制方式。发光时间可由定时器实现，闪烁次数可由计数器实现。

3. 任务实施

上述对三个灯顺序发光与闪烁控制过程做了详细分析，下面用 PLC 实现该控制过程。
（1）确定 I/O 点数及地址分配
根据对任务的分析可知，本任务的输入信号有起动按钮 SB；输出信号为红色指示灯 HL1、黄色指示灯 HL2、绿色指示灯 HL3。I/O 地址分配如表 4-3-1 所示。

表 4-3-1 PLC I/O 地址分配表

输入		输出	
		指示灯 HL1（红色）	Y0
起动按钮 SB	X0	指示灯 HL2（黄色）	Y1
		指示灯 HL3（绿色）	Y2

（2）设计控制电路

三个灯顺序发光与闪烁控制电路如图 4-3-1 所示。

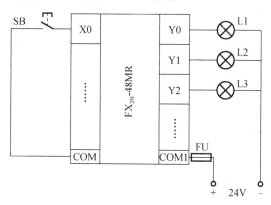

图 4-3-1 三个灯顺序发光与闪烁控制电路

（3）设计控制程序

用 FX₂ₙ 系列 PLC 按工艺要求设计控制程序，写出指令表。

1）SFC 参考程序如图 4-3-2 所示。

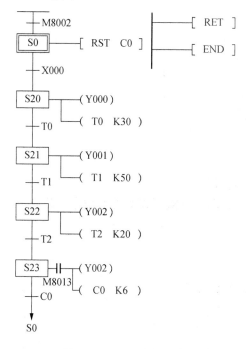

图 4-3-2 SFC 参考程序

2）指令表程序如下：

```
LD          M8002
SET         S0
STL         S0
RST         C0
LD          X000
SET         S20
STL         S20
OUT         Y000
OUT         T0          K30
LD          T0
SET         S21
STL         S21
OUT         Y001
OUT         T1          K50
LD          T1
SET         S22
STL         S22
OUT         Y002
OUT         T2          K20
LD          T2
SET         S23
STL         S23
LD          M8013
OUT         Y002
OUT         C0          K6
LD          C0
OUT         S0
RET
END
```

（4）输入程序并进行调试

根据原理图连接 PLC 线路，检查无误后将本程序下载到 PLC 中，运行程序，观察控制过程。

4. 任务评价

完成任务后，对整个任务的完成情况进行评价考核，评价项目和评价标准如表 4-3-2 所示。

表 4-3-2　任务学习评价表

评价项目	评价内容	配分	评价标准	自评（40%）	小组互评（30%）	教师评价（30%）
课堂学习能力	学习态度与能力	10	态度端正、学习积极			
思维拓展能力	拓展学习的表现与应用	5	积极地拓展学习并能正确应用			
团结协作意识	分工协作，积极参与	5	有分工，参与积极			
语言表达能力	正确清楚地表达观点	5	正确、清楚地表达观点			
学习过程	程序编制、调试、运行、工艺	外部接线	10	按照电路图正确选择元件、安装、接线			
		I/O 分配	10	合理正确			
		程序设计	20	完成程序编写且程序规范、合理			
		程序调试与运行	25	正确输入程序，能排除故障，符合控制要求			
安全文明生产	做到 7S 文明生产	10	安全、文明、规范			
总评价成绩		组长签字		教师签字			

任务二　运料小车三地往返运行控制

1. 任务描述

在自动化生产线中，除了要求小车在甲、乙两地之间自动往返运行，有时还需要小车在三地甚至更多地之间自动往返。本任务要求小车按照图 4-3-3 所示轨迹，在原料库、加工车间、成品库三地间自动往返运行。控制要求如下：

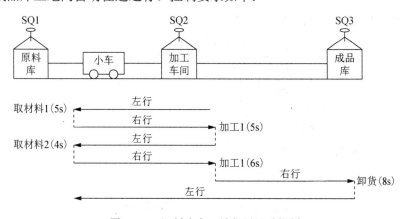

图 4-3-3　运料小车三地往返运动控制

1）按下起动按钮 SB1，小车左行去原料库进行取料。

2）当小车到达原料库后，小车停留 5s，取材料 1。检测开关为 SQ1。

3）定时时间到，小车右行，到达加工车间停留 5s，进行一次加工。检测开关为 SQ2。

4）定时时间到，小车左行，回到原料库，停留 4s 取材料 2。

5）定时时间到，小车右行，到达加工车间停留 6s，进行二次加工。检测开关为 SQ2。

6）定时时间到，小车继续右行，小车到达成品库停留 8s，进行卸货。检测开关 SQ3。

7）定时时间到，小车左行，回到原料库准备下一次的加工过程。按下停止按钮 SB2，小车停止运行。

2. 任务分析

运料小车三地往返运动的控制方式属于单流程控制方式。编写程序时先要分析清楚每一个工序的条件、状态，定时时间可由定时器实现，编写前先画出状态转移图。

3. 任务实施

上述对运料小车三地往返运行控制过程做了详细分析，下面用 PLC 实现该控制过程。

（1）确定 I/O 点数及地址分配

根据对任务的分析可知，本任务的输入信号有起动按钮 SB1、停止按钮 SB2、检测开关 SQ1、检测开关 SQ2、检测开关 SQ3；输出信号为小车左行、小车右行。I/O 地址分配如表 4-3-3 所示。

表 4-3-3　PLC I/O 地址分配表

输入		输出	
起动按钮 SB1	X0	小车左行	Y0
停止按钮 SB2	X1	小车右行	Y1
检测开关 SQ1	X2	—	—
检测开关 SQ2	X3	—	—
检测开关 SQ3	X4	—	—

（2）设计控制电路

运料小车三地往返运行控制电路如图 4-3-4 所示。

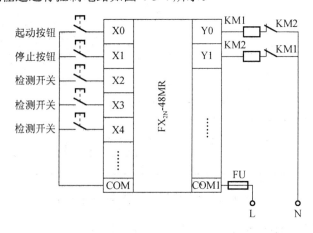

图 4-3-4　运料小车三地往返运行控制电路

（3）设计控制程序

用 FX$_{2N}$ 系列 PLC 按工艺要求设计控制程序，写出指令表。

1）SFC 参考程序如图 4-3-5 所示。

2）指令表程序如下：

```
LD        M8002
SET       S0
STL       S0
LD        X000
SET       S20
STL       S20
LDI       Y001
OUT       Y000
OUT       T0          K50
LD        T0
AND       X002
SET       S21
STL       S21
LDI       Y000
OUT       Y001
OUT       T1          K50
LD        X003
AND       T1
SET       S22
STL       S22
LDI       Y001
OUT       Y000
OUT       T2          K40
LD        T2
SET       S23
STL       S23
LDI       Y000
OUT       Y001
OUT       T3          K60
LD        X003
AND       T3
SET       S24
STL       S24
LDI       Y000
OUT       Y001
OUT       T4          K80
LD        X004
AND       T4
SET       S25
STL       S25
LDI       Y001
OUT       Y000
```

```
LD       X001
OUT      S0
LD       X001
ZRST     S20        S25
RET
END
```

（4）输入程序并进行调试

根据原理图连接 PLC 线路，检查无误后将本程序下载到 PLC 中，运行程序，观察控制过程。

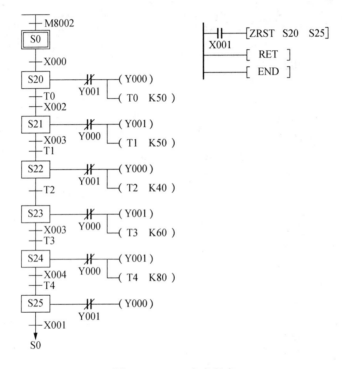

图 4-3-5　SFC 参考程序

4. 任务评价

完成任务后，对整个任务的完成情况进行评价考核，评价项目和评价标准如表 4-3-4 所示。

表 4-3-4　任务学习评价表

评价项目	评价内容	配分	评价标准	自评（40%）	小组互评（30%）	教师评价（30%）
课堂学习能力	学习态度与能力	10	态度端正、学习积极			
思维拓展能力	拓展学习的表现与应用	5	积极地拓展学习并能正确应用			
团结协作意识	分工协作，积极参与	5	有分工，参与积极			
语言表达能力	正确清楚地表达观点	5	正确、清楚地表达观点			

评价项目		评价内容	配分	评价标准	自评（40%）	小组互评（30%）	教师评价（30%）
学习过程	程序编制、调试、运行、工艺	外部接线	10	按照电路图正确选择元件、安装、接线			
		I/O 分配	10	合理正确			
		程序设计	20	完成程序编写且程序规范、合理			
		程序调试与运行	25	正确输入程序，能排除故障，符合控制要求			
安全文明生产		做到 7S 文明生产	10	安全、文明、规范			
总评价成绩			组长签字		教师签字		

任务三　多灯发光与闪烁控制

1. 任务描述

用 PLC 实现多灯发光与闪烁的控制，控制要求如下。

系统起动后，灯 1～灯 4 同时分以下两路运行。

1）第 1 路：灯 1 发光，2s 后熄灭；接着灯 2 发光，3s 后熄灭。

2）第 2 路：灯 3 与灯 4 以"0.5s 发光，0.5s 熄灭"的方式交替发光，5s 后熄灭。

3）当两路都完成运行后，灯 1、灯 2、灯 3、灯 4 一起发光，3s 后熄灭。

4）用按钮 SB1、SB2 分别做起动与停止控制，停止后按 SB1 可重新起动运行。

5）用开关 SA1 做连续运行与单周期运行控制，SA1 断开时做连续运行，SA1 闭合时做单周期运行。

2. 任务分析

编写程序时先要分析清楚每一个工序的条件、状态，定时时间可由定时器实现，"0.5s 发光，0.5s 熄灭"是编写难点，编写前先画出状态转移图。

3. 任务实施

上述对多灯发光与闪烁控制过程做了详细分析，下面用 PLC 实现该控制过程。

（1）确定 I/O 点数及地址分配

根据对任务的分析可知，本任务的输入信号有起动按钮 SB1、停止按钮 SB2、连续运行与单周期运行控制 SA1；输出信号有灯 1～灯 4。I/O 地址分配如表 4-3-5 所示。

表 4-3-5　PLC I/O 地址分配表

输入		输出	
SB1	X0	灯 1	Y0
SB2	X1	灯 2	Y1
SA1	X10	灯 3	Y2
—	—	灯 4	Y3

（2）设计控制电路

多灯发光与闪烁控制电路如图 4-3-6 所示。

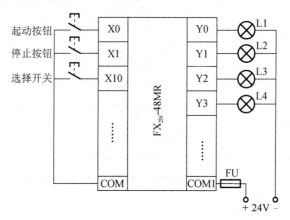

图 4-3-6　多灯发光与闪烁控制电路

（3）设计控制程序

用 FX$_{2N}$ 系列 PLC 按工艺要求设计控制程序，写出指令表。

1）SFC 参考程序如图 4-3-7 所示。

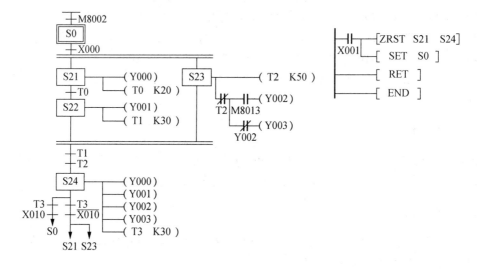

图 4-3-7　SFC 参考程序

2）指令表程序如下：

```
LD          M8002
SET         S0
STL         S0
LD          X000
SET         S20
SET         S23
STL         S20
```

```
OUT        Y000
OUT        T0              K20
LD         T0
SET        S22
STL        S22
OUT        Y001
OUT        T1              K30
STL        S23
MPS
OUT        T2              K50
MPP
ANI        T2
MPS
AND        M8013
OUT        Y002
MPP
ANI        Y002
OUT        Y003
LD         T1
AND        T2
SET        S24
STL        S24
OUT        Y000
OUT        Y001
OUT        Y002
OUT        Y003
OUT        T3              K30
LD         T3
AND        X010
OUT        S0
LD         T3
ANI        X010
OUT        S21
OUT        S23
LD         X001
ZRST       S21             S24
SET        S0
RET
END
```

（4）输入程序并进行调试

根据原理图连接 PLC 线路，检查无误后将本程序下载到 PLC 中，运行程序，观察控制过程。

4. 任务评价

完成任务后，对整个任务的完成情况进行评价考核，评价项目和评价标准如表 4-3-6 所示。

表 4-3-6　任务学习评价表

评价项目		评价内容	配分	评价标准	自评（40%）	小组互评（30%）	教师评价（30%）
课堂学习能力		学习态度与能力	10	态度端正、学习积极			
思维拓展能力		拓展学习的表现与应用	5	积极地拓展学习并能正确应用			
团结协作意识		分工协作，积极参与	5	有分工，参与积极			
语言表达能力		正确清楚地表达观点	5	正确、清楚地表达观点			
学习过程	程序编制、调试、运行、工艺	外部接线	10	按照电路图正确选择元件、安装、接线			
		I/O 分配	10	合理正确			
		程序设计	20	完成程序编写且程序规范、合理			
		程序调试与运行	25	正确输入程序，能排除故障，符合控制要求			
安全文明生产		做到 7S 文明生产	10	安全、文明、规范			
总评价成绩			组长签字		教师签字		

任务四　彩灯控制

1. 任务描述

用 PLC 实现彩灯控制，控制要求如下。

若彩灯控制有 6 种方式 1、2、3、4、5、6，分别用 X1～X6 选择，方式之间互锁。

1）选择 1 方式，8 只彩灯循环左移，以间隔 1s 的速度逐个点亮 1s。

2）选择 2 方式，8 只彩灯循环右移，以间隔 1s 的速度逐个点亮 1s。

3）选择 3 方式，8 只彩灯循环左移，以间隔 1s 的速度，首先奇数灯逐个点亮 1s，然后偶数灯逐个点亮 1s。

4）选择 4 方式，8 只彩灯循环右移，以间隔 1s 的速度，首先偶数灯逐个点亮 1s，然后奇数灯逐个点亮 1s。

5）选择 5 方式，8 只彩灯循环左移，以间隔 1s 的速度，两个一组逐组点亮 1s。

6）选择 6 方式，8 只彩灯循环右移，以间隔 1s 的速度，两个一组逐组点亮 1s。

7）按下停止按钮，所有彩灯熄灭。

2. 任务分析

编写程序时先要分析清楚每一个工序的条件、状态；彩灯循环可用位移指令实现，编写前先画出状态转移图。

3. 任务实施

上述对彩灯控制过程做了详细分析，下面用 PLC 实现该控制过程。

（1）确定 I/O 点数及地址分配

根据对任务的分析可知，本任务的输入信号有 6 个，输出信号有 8 个。I/O 地址分配如表 4-3-7 所示。

表 4-3-7　PLC I/O 地址分配表

输入		输出	
方式 1	X0	灯 1	Y0
方式 2	X1	灯 2	Y1
方式 3	X2	灯 3	Y2
方式 4	X3	灯 4	Y3
方式 5	X4	灯 5	Y4
方式 6	X5	灯 6	Y5
—	—	灯 7	Y6
—	—	灯 8	Y7

（2）设计控制电路

彩灯控制电路如图 4-3-8 所示。

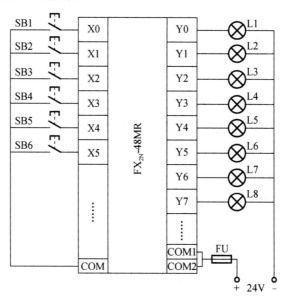

图 4-3-8　彩灯控制电路

（3）设计控制程序

用 FX2N 系列 PLC 按工艺要求设计控制程序，写出指令表。

1）SFC 参考程序如图 4-3-9 所示。

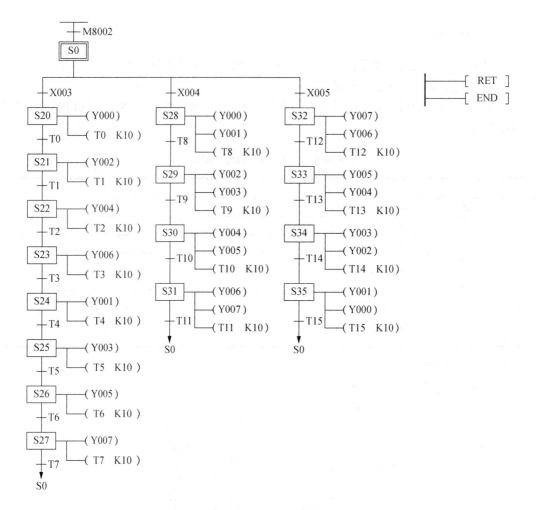

图 4-3-9　SFC 参考程序

2）指令表程序如下：

```
LD      M8002
SET     S0
STL     S0
LD      X003
SET     S20
STL     S20
OUT     Y000
OUT     T0          K10
LD      T0
SET     S21
STL     S21
OUT     Y002
OUT     T1          K10
```

LD	T1	
SET	S22	
STL	S22	
OUT	Y004	
OUT	T2	K10
LD	T2	
SET	S23	
STL	S23	
OUT	Y006	
OUT	T3	K10
LD	T3	
SET	S24	
STL	S24	
OUT	Y001	
OUT	T4	K10
LD	T4	
SET	S25	
STL	S25	
OUT	Y003	
OUT	T5	K10
LD	T5	
SET	S26	
STL	S26	
OUT	Y005	
OUT	T6	K10
LD	T6	
SET	S27	
STL	S27	
OUT	Y007	
OUT	T7	K10
LD	T7	
OUT	S0	
LD	X004	
SET	S28	
STL	S28	
OUT	Y000	
OUT	Y001	
OUT	T8	K10
LD	T8	
SET	S29	
STL	S29	
OUT	Y002	

OUT	Y003	
OUT	T9	K10
LD	T9	
SET	S30	
STL	S30	
OUT	Y004	
OUT	Y005	
OUT	T10	K10
LD	T10	
SET	S31	
STL	S31	
OUT	Y006	
OUT	Y007	
OUT	T11	K10
LD	T11	
OUT	S0	
LD	X005	
SET	S32	
STL	S32	
OUT	Y007	
OUT	Y006	
OUT	T12	K10
LD	T12	
SET	S33	
STL	S33	
OUT	Y005	
OUT	Y004	
OUT	T13	K10
LD	T13	
SET	S34	
STL	S34	
OUT	Y003	
OUT	Y002	
OUT	T14	K10
LD	T14	
SET	S35	
STL	S35	
OUT	Y001	
OUT	Y000	
OUT	T15	K10
LD	T15	
OUT	S0	

```
RET
END
```

（4）输入程序并进行调试

根据原理图连接 PLC 线路，检查无误后将本程序下载到 PLC 中，运行程序，观察控制过程。

4. 任务评价

完成任务后，对整个任务的完成情况进行评价考核，评价项目和评价标准如表 4-3-8 所示。

表 4-3-8 任务学习评价表

评价项目		评价内容	配分	评价标准	自评（40%）	小组互评（30%）	教师评价（30%）
课堂学习能力		学习态度与能力	10	态度端正、学习积极			
思维拓展能力		拓展学习的表现与应用	5	积极地拓展学习并能正确应用			
团结协作意识		分工协作，积极参与	5	有分工，参与积极			
语言表达能力		正确清楚地表达观点	5	正确、清楚地表达观点			
学习过程	程序编制、调试、运行、工艺	外部接线	10	按照电路图正确选择元件、安装、接线			
		I/O 分配	10	合理正确			
		程序设计	20	完成程序编写且程序规范、合理			
		程序调试与运行	25	正确输入程序，能排除故障，符合控制要求			
安全文明生产		做到 7S 文明生产	10	安全、文明、规范			
总评价成绩		组长签字		教师签字			

任务五 自动喷漆过程控制

1. 任务描述

用 PLC 实现汽车自动喷漆的控制。控制要求如下：

按 S03（红色）、S04（黄色）、S05（绿色）选择按钮选择要喷漆的颜色（只有在工艺停止的状态下才可以进行），由 Y1（红色）、Y2（黄色）、Y3（绿色）分别控制喷漆的颜色。按 S01 起动按钮起动流水线，轿车到一号位，由 PC 发出一号位到位信号，流水线停止，延时 1s，一号门开启，延时 2s，流水线重新起动，轿车到二号位，由 PC 发出二号位到位信号，流水线停止，一号门关闭，延时 2s，开始喷漆，延时 6s，二号门开启，延时 2s，流水线重新起动，轿车到三号位，由 PC 发出三号位到位信号，二号门关闭，计数器累加 1，继续开始第二辆轿车。当计数器累加到 3 时，延时 4s，整个工艺停止，计数器自动清零。

当按下 S02 停止按钮时，轿车到三号位后，延时 4s，整个工艺停止，计数器自动清零。自动喷漆工艺图如图 4-3-10 所示。

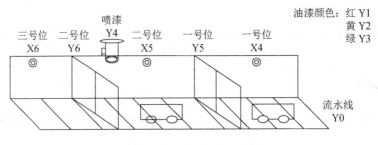

图 4-3-10　自动喷漆工艺图

2. 任务分析

编写程序时先要分析清楚每一个工序的条件、状态，编写前先画出状态转移图。

3. 任务实施

上述对汽车自动喷漆过程做了详细分析，下面用 PLC 实现该控制过程。

（1）确定 I/O 点数及地址分配

根据对任务的分析可知，本任务的输入信号有 8 个，输出信号有 7 个。I/O 地址分配如表 4-3-9 所示。

表 4-3-9　PLC I/O 地址分配表

输入		输出	
起动按钮 S01	X0	流水线运行	Y0
选择红色按钮 S03	X1	红色喷漆	Y1
选择黄色按钮 S04	X2	黄色喷漆	Y2
选择绿色按钮 S05	X3	绿色喷漆	Y3
一号位到位信号	X4	喷漆阀门	Y4
二号位到位信号	X5	一号门开启	Y5
三号位到位信号	X6	二号门开启	Y6
停止按钮 S02	X7	—	—

（2）设计控制电路

自动喷漆控制电路如图 4-3-11 所示。

（3）设计控制程序

用 FX_{2N} 系列 PLC 按工艺要求设计控制程序，写出指令表。

1）SFC 参考程序如图 4-3-12 所示。

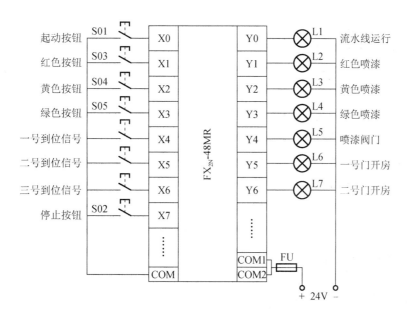

图 4-3-11　自动喷漆控制电路

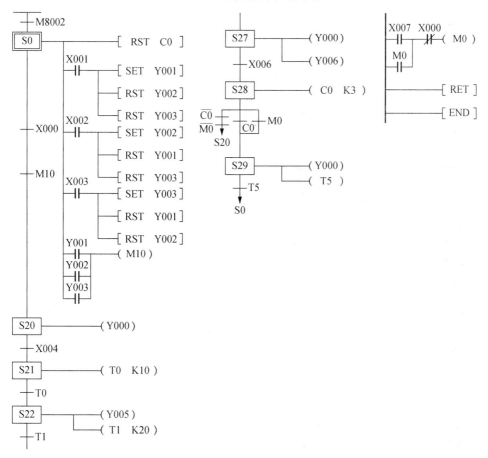

图 4-3-12　SFC 参考程序

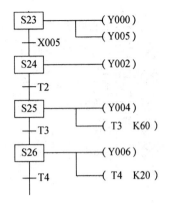

图 4-3-12（续）

2）指令表程序如下：

LD	M8002
SET	S0
STL	S0
MPS	
RST	C0
MRD	
AND	X001
SET	Y001
RST	Y002
RST	Y003
MRD	
AND	X002
SET	Y002
RST	Y001
RST	Y003
MRD	
AND	X003
SET	Y003
RST	Y001
RST	Y002
MPP	
LD	Y001
OR	Y002
OR	Y003
ANB	
OUT	M10
LD	X000
AND	M10
SET	S20
STL	S20

OUT	Y000	
LD	X004	
SET	S21	
STL	S21	
OUT	T0	K10
LD	T0	
SET	S22	
STL	S22	
OUT	Y005	
OUT	T1	K20
LD	T1	
SET	S23	
STL	S23	
OUT	Y000	
OUT	Y005	
LD	X005	
SET	S24	
STL	S24	
OUT	Y002	
LD	T2	
SET	S25	
STL	S25	
OUT	Y004	
OUT	T3	K60
LD	T3	
SET	S26	
STL	S26	
OUT	Y006	
OUT	T4	K20
LD	T4	
SET	S27	
STL	S27	
OUT	Y000	
OUT	Y006	
LD	X006	
SET	S28	
STL	S28	
OUT	C0	K3
LD	C0	
OR	M0	
LDI	C0	
ANI	M0	
OUT	S20	
SET	S29	
STL	S29	

```
OUT             Y000
OUT             T5
LD              T5
OUT             S0
LD              X007
OR              M0
ANI             X000
OUT             M0
RET
END
```

（4）输入程序并进行调试

根据原理图连接 PLC 线路，检查无误后将本程序下载到 PLC 中，运行程序，观察控制过程。

4. 任务评价

完成任务后，对整个任务的完成情况进行评价考核，评价项目和评价标准如表 4-3-10 所示。

表 4-3-10　任务学习评价表

评价项目		评价内容	配分	评价标准	自评（40%）	小组互评（30%）	教师评价（30%）
课堂学习能力		学习态度与能力	10	态度端正、学习积极			
思维拓展能力		拓展学习的表现与应用	5	积极地拓展学习并能正确应用			
团结协作意识		分工协作，积极参与	5	有分工，参与积极			
语言表达能力		正确清楚地表达观点	5	正确、清楚地表达观点			
学习过程	程序编制、调试、运行、工艺	外部接线	10	按照电路图正确选择元件、安装、接线			
		I/O 分配	10	合理正确			
		程序设计	20	完成程序编写且程序规范、合理			
		程序调试与运行	25	正确输入程序，能排除故障，符合控制要求			
安全文明生产		做到 7S 文明生产	10	安全、文明、规范			
总评价成绩			组长签字		教师签字		

任务六　双门通道自动控制

1. 任务描述

用 PLC 实现双门通道的自动控制，控制要求如下。

图 4-3-13 所示为双门通道自动控制开关门的原理示意图，该通道的两个出口（甲、乙）

设立两个电动门:门 1(B1)和门 2(B2)。在两个门的外侧设有开门的按钮 X1 和 X2,在两个门的内侧设有光电传感器 X11 和 X12,以及开门的按钮 X3 和 X4,可以自动完成门 1 和门 2 的打开。门 1 和门 2 不能同时打开。

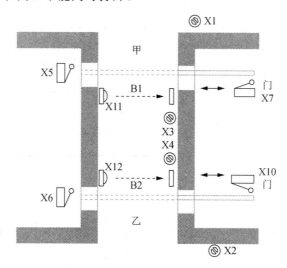

图 4-3-13 双门通道自动控制开关门的原理示意图

对双门通道自动控制开关系统的控制要求如下。

1)若有人在甲处按下开门按钮 X1,则门 B1 自动打开,3s 后关闭,再自动打开门 B2。

2)若有人在乙处按下开门按钮 X2,则门 B2 自动打开,3s 后关闭,再自动打开门 B1。

3)在通道内的人通过操作 X3 和 X4 可立即进入门 B1 和门 B2 的开门程序。

4)每道门都安装了限位开关(X5、X6、X7、X10),用于确定门关闭和打开是否到位。

5)在通道外的开门按钮 X1 和 X2 有相对应的指示灯 LED,当按下开门按钮后,指示灯 LED 亮,门关好后指示灯 LED 熄灭。

6)当光电传感器检测到门 B1、门 B2 的内侧有人时,能自动进入开门程序。

2. 任务分析

编写程序时先要分析清楚每一个工序的条件、状态,编写前先画出状态转移图。

3. 任务实施

上述对双门通道的自动控制过程做了详细分析,下面用 PLC 实现该控制过程。

(1)确定 I/O 点数及地址分配

根据对任务的分析可知,本任务的输入信号有 10 个,输出信号有 6 个。I/O 地址分配如表 4-3-11 所示。

表 4-3-11 PLC I/O 地址分配表

输入		输出	
B1 门外按钮	X1	打开 B1 门	Y1
B1 门内按钮	X3	关闭 B1 门	Y2

续表

输入		输出	
B1 门关门到位	X5	打开 B2 门	Y3
B1 门开门到位	X7	关闭 B2 门	Y4
B1 门内光电传感器	X11	按钮 X1 的指示灯	Y5
B2 门外按钮	X2	按钮 X2 的指示灯	Y6
B2 门内按钮	X4	—	—
B2 门关门到位	X6	—	—
B2 门开门到位	X10	—	—
B2 门内光电传感器	X12	—	—

（2）设计控制电路

双门通道自动控制电路如图 4-3-14 所示。

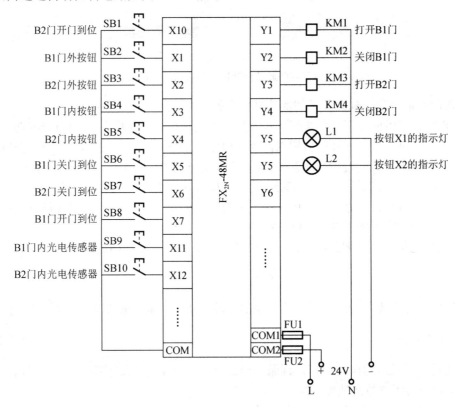

图 4-3-14　双门通道自动控制电路

（3）设计控制程序

用 FX_{2N} 系列 PLC 按工艺要求设计控制程序，写出指令表。

1）SFC 参考程序如图 4-3-15 所示。

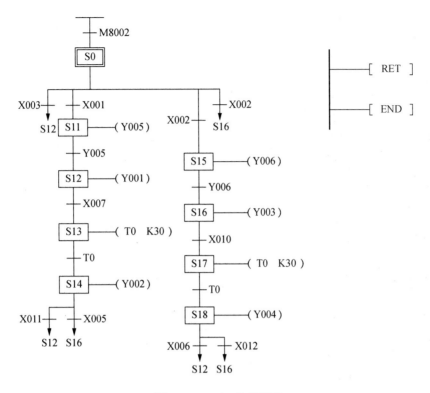

图 4-3-15　SFC 参考程序

2）指令表程序如下：

LD	M8002
SET	S0
STL	S0
LD	X003
OUT	S12
LD	X001
SET	S11
STL	S11
OUT	Y005
LD	Y005
SET	S12
STL	S12
OUT	Y001
LD	X007
SET	S13
STL	S13
OUT	T0　　　　K30
LD	T0

```
SET        S14
STL        S14
OUT        Y002
LD         X005
OUT        S16
LD         X011
OUT        S12
LD         X002
OUT        S16
LD         X002
SET        S15
STL        S15
OUT        Y006
LD         Y006
SET        S16
STL        S16
OUT        Y003
LD         X010
SET        S17
STL        S17
OUT        T0              K30
LD         T0
SET        S18
STL        S18
OUT        Y004
LD         X006
OUT        S12
LD         S12
OUT        S16
RET
END
```

（4）输入程序并进行调试

根据原理图连接 PLC 线路，检查无误后将本程序下载到 PLC 中，运行程序，观察控制过程。

4. 任务评价

完成任务后，对整个任务的完成情况进行评价考核，评价项目和评价标准如表 4-3-12 所示。

表 4-3-12 任务学习评价表

评价项目	评价内容	配分	评价标准	自评 （40%）	小组互评 （30%）	教师评价 （30%）
课堂学习能力	学习态度与能力	10	态度端正、学习积极			
思维拓展能力	拓展学习的表现与应用	5	积极地拓展学习并能正确应用			
团结协作意识	分工协作，积极参与	5	有分工，参与积极			
语言表达能力	正确清楚地表达观点	5	正确、清楚地表达观点			
学习过程	程序编制、调试、运行、工艺					
	外部接线	10	按照电路图正确选择元件、安装、接线			
	I/O 分配	10	合理正确			
	程序设计	20	完成程序编写且程序规范、合理			
	程序调试与运行	25	正确输入程序，能排除故障，符合控制要求			
安全文明生产	做到 7S 文明生产	10	安全、文明、规范			
总评价成绩		组长签字		教师签字		

知识测评

1. 讲一讲

（1）在使用计数器编写程序时需要注意哪些事项？

（2）请查阅相关资料，说一说光电传感器的工作原理。

2. 练一练

（1）3 个灯顺序发光与闪烁的停止控制。按下按钮 SB1，红灯发光；3s 后熄灭；黄灯开始以每秒 1 次的频率闪烁，黄灯闪烁 5 次后熄灭；绿灯开始以每秒 1 次的频率闪烁，绿灯闪烁 6 次后熄灭。

要求：当按下按钮 SB2 时，运行停止，再按 SB1 可重新运行。

（2）3 个灯顺序发光与闪烁的单周期运行与连续运行控制。按下起动按钮 SB1 后，红灯发光；3s 后黄灯发光，黄灯发光 5s 后，红灯与黄灯一齐熄灭，然后绿灯开始以每秒 1 次的频率闪烁，闪烁 6 次后熄灭。

要求：

① 3 个灯的顺序发光与闪烁可实现单周期与连续运行控制。当开关 SA1 断开时做连续运行；当开关 SA1 闭合时做单周期运行。

② 按下按钮 SB2，程序停止运行，灯全部熄灭。按下按钮 SB1 可重新开始运行。

（3）在任务二的基础上完成如下控制：按下停止按钮 SB2，小车在完成当前运料任务后才能回到原料库停止。

（4）一小车运行过程如图 4-3-16 所示。小车原位在后退终端，当小车压下后限位开关 SQ1 时，按下起动按钮 SB，小车前进，当运行至料斗下方时，前限位开关 SQ2 动作，此时打开料斗给小车加料，延时 8s 后关闭料斗，小车后退返回，SQ1 动作时，打开车底门卸料，6s 后结束，完成一次动作，如此循环。

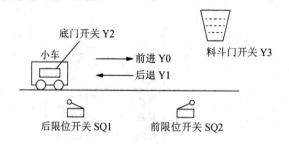

图 4-3-16　运料小车自动控制

（5）用 PLC 实现多灯顺序发光与闪烁的控制，控制要求如下：

① 起动后，灯 1、灯 2、灯 3 按顺序轮流以每秒 1 次的频率闪烁 3s。当灯 2 闪烁到第 2 秒时，灯 4 就以"发光 1s，接着闪烁 2s（每秒 5 次的频率），然后发光 1s 后熄灭"的顺序发光和闪烁。

② 灯 1、灯 2、灯 3 可连续不断地反复运行；灯 4 则在灯 2 每次闪烁到第 2 秒时才开始运行。

③ 用按钮 SB1、SB2 做起动与停止控制。停止后按 SB1 可重新再起动。

（6）试用梯形图编写任务四的程序。

3. 应用拓展

（1）在 3 个灯顺序控制中实现状态的重复转移与跳转。按下起动按钮 SB1 后，红灯发光，3s 后，黄灯与绿灯以"黄灯发光 1s、绿灯发光 2s"的规律交替发光 5 次，然后红灯、黄灯、绿灯一齐发光 4s 后熄灭。

要求：

① 程序能连续运行。

② 用按钮 SB2 做停止控制，停止后按 SB1 可重新起动。

③ 如果运行中要取消黄灯与绿灯的交替发光，可用开关 SA1 控制红灯发光后直接转到 3 个灯一齐发光（但开关 SA1 只能在起动前或红灯发光 3s 内切换）。

（2）基于 PLC 的小车电气运行控制示意图如图 4-3-17 所示，控制要求如下。

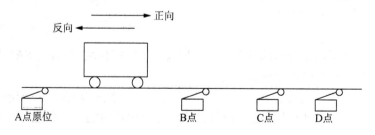

图 4-3-17　小车电气运行控制示意图

① 小车从原位 A 点出发驶向 B 点，抵达后立即返回原位；接着直向 C 点驶去，抵达

后立即返回原位；第三次出发一直驶向 D 点，到达后返回原位，完成一个完整周期工作。

② 打开连续运行开关，小车重复上述过程，不停地运行，直到按下停止按钮为止，停止时小车完成一个周期后才能停下来。

（3）"天塔之光"实训模块表示的是某电视发射塔的装饰灯光，一共有 9 个灯（L1～L9），要求用 PLC 控制实现各种不同发光与闪烁。

灯 L1 起动后以每秒 1 次的频率闪烁并保持，在停止时才熄灭。对其余 8 个灯的运行做以下两种控制：

控制 1：起动后，灯 L2、L3、L4、L5、L6、L7、L8、L9 相隔 0.5s 单个顺序轮流发光；反复进行 5 次后进入控制 2。

控制 2：起动后，灯 L2、L3、L4、L5、L6、L7、L8、L9 相隔 0.5s 逐个顺序发光并保持；反复进行 5 次后进入控制 1。

要求：用按钮 SB1、SB2 做起动与停止控制。停止后全部灯熄灭，按 SB1 可重新起动。

（4）在任务四的基础上，完成如下控制：用数码管显示当前的工作方式。

（5）在任务五的基础上，完成如下控制：用数码管显示喷漆轿车个数。

（6）许多公共场所的门口都有自动门，如图 4-3-18 所示。人靠近自动门时，红外感应器 X0 为 ON，Y0 驱动电动机高速开门，碰到开门减速开关 X1 时，变为低速开门。碰到开门极限开关 X2 时电动机停转，开始延时。若在 0.5s 内红外感应器检测到无人，Y2 起动电动机高速关门。碰到关门减速开关 X3 时，改为低速关门，碰到关门极限开关 X4 时电动机停转。在关门期间若感应器检测到有人，停止关门，T1 延时 0.5s 后自动转换为高速开门。

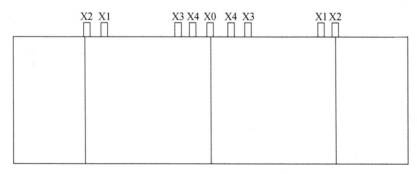

图 4-3-18　自动门控制示意图

PLC 之所以被称为工业控制计算机，是因为其内部除了有很多基本逻辑指令外，还有大量的功能指令（应用指令）。这些功能指令实际上是许多功能不同的子程序，它大大拓展了 PLC 的应用范围，使其可以用于实现生产过程的闭环控制，用于和计算机及其他 PLC 组成集散控制系统。

项目一　常用功能指令的使用方法及应用

学习目标

1. 了解功能指令的特点。
2. 掌握功能指令的基本格式。
3. 掌握常用功能指令的使用方法。

一、功能指令的格式

与基本指令不同，功能指令不是表达梯形图符号间的相互关系，而是直接表达本指令的功能。FX$_{2N}$ 系列 PLC 在梯形图中使用功能框表示功能指令，功能指令的格式及要素如图 5-1-1 所示。图中 X0 的动合触点是功能指令的执行条件，其后的方框称为功能框。功能框中分栏表示指令的名称、相关数据或数据的存储地址。

1. 编号

功能指令用编号 FNC00～FNC294 表示，并给出对应的助记符。例如，FNC12 的助记符是 MOV（传送），FNC45 的助记符是 MEAN（平均）。图 5-1-1 中的 1 就是功能指令的编号。

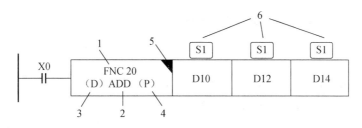

图 5-1-1　功能指令的格式及要素

1—编号；2—助记符；3—数据长度；4—执行形式；5—连续执行方式；6—操作数

2．助记符

指令名称用助记符表示，如图 5-1-1 中的 2 所示。功能指令的助记符是指令的英文缩写词，如传送指令"MOVE"简写为 MOV，加法指令"ADDITION"简写为 ADD，交替输出指令"ALTERNATEOUTPUT"简写为 ALT。采用这种方式容易了解指令的功能。助记符 DADDP 中的"D"表示数据长度，"P"表示执行形式。

3．数据长度

功能指令按处理数据的长度分为 16 位指令和 32 位指令。其中，32 位指令在助记符前加"D"，如图 5-1-1 中的 3 所示，助记符前无"D"的为 16 位指令。例如，ADD 是 16 位指令，DADD 是 32 位指令。

4．执行形式

功能指令有脉冲执行型和连续执行型。在指令助记符后标有"P"的为脉冲执行型，如图 5-1-1 中的 4 所示，无"P"的为连续执行型。例如，ADDP 是脉冲执行型 16 位指令，而 DADDP 是脉冲执行型 32 位指令。脉冲执行型指令在执行条件满足时仅执行一个扫描周期，这对于数据处理有很重要的意义。例如，一条加法指令，在脉冲执行时，只将加数和被加数做一次加法运算，而连续型加法运算指令在执行条件满足时，每一个扫描周期都要相加一次。

5．操作数

操作数是指功能指令设计或产生的数据。有的功能指令没有操作数，大多数功能指令有 1～4 个操作数。操作数分为源操作数、目标操作数及其他操作数。源操作数是指指令执行后不改变其内容的操作数，用[S]表示。目标操作数是指指令执行后将改变其内容的操作数，用[D]表示。m 与 n 表示其他操作数，其他操作数常用来表示常数或者对源操作数和目标操作数做出补充说明。表示常数时，K 为十进制常数，H 为十六进制常数。某种操作数为多个时，可用数码标注区别，如[S1]、[S2]。在用连续执行方式时，在指令标示栏中用"▼"警示，如图 5-1-1 中的 5 所示。

操作数从根本上来说是参加运算数据的地址。地址是依元件的类型分布在存储区中的。由于不同指令对参与操作的元件类型有一定的限制，因此操作数的取值就有一定的范围。

正确地选取操作数类型对正确使用指令有很重要的意义，如图 5-1-1 中的 6 所示。

二、比较指令、区间比较指令和触点型比较指令

1. 比较指令（CMP）

比较指令 CMP 用于将两个源操作数[S1.]和[S2.]的数据进行比较，比较结果用目标元件 [D.]的状态来表示。比较指令的使用如表 5-1-1 和图 5-1-2 所示。

表 5-1-1　比较指令

指令名称	助记符	指令代码位数	操作数范围			程序步
			[S1.]	[S2.]	[D.]	
比较	CMP CMP(P)	FNC10 (16/32)	K、H KnX、KnY、KnM、KnS T、C、D、V、Z		Y、M、S	CMP、CMPP…7 步 DCMP、DCMPP…13 步

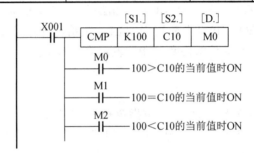

图 5-1-2　CMP 指令的使用说明

图 5-1-2 中的比较指令将十进制常数 100 与计数器 C10 的当前值比较，比较结果送到 M0~M2。X1 为 OFF 时不进行比较，M0~M2 的状态保持不变。X1 为 ON 时进行比较，若比较结果为 100>C10，则 M0 为 ON；若 100=C10，则 M1 为 ON；若 100<C10，则 M2 为 ON。

【例 5-1-1】利用 PLC 实现密码锁控制。控制要求如下：

密码锁有 3 个置数开关（12 个按钮），分别代表 3 个十进制数，如所拨数据与密码锁设定值相等，则 3s 后开锁，20s 后重新上锁。

实施内容：

1）I/O 地址分配：如表 5-1-2 所示。

表 5-1-2　I/O 地址分配表

输入			输出		
输入元件	输入继电器	作用	输出继电器	输出元件	作用
按钮 1~4	X000~X003	密码个位	Y000	开锁装置	密码锁控制信号
按钮 5~8	X004~X007	密码十位			
按钮 9~12	X010~X013	密码百位			

2）梯形图程序设计：如图 5-1-3 所示。

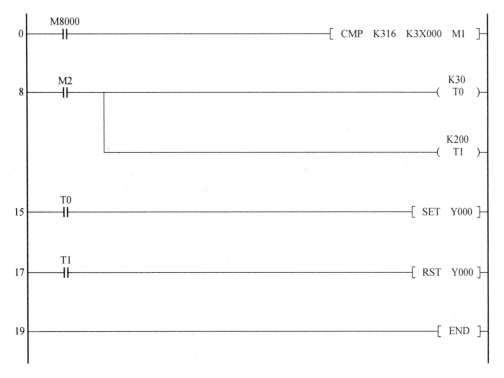

图 5-1-3 密码锁梯形图程序

分析：该密码锁的密码是多少？

项目训练：如何利用三个按钮 A、B、C 实现上述密码锁的控制？

2. 区间比较指令（ZCP）

区间比较指令 ZCP 用于将两个源操作数[S.]与[S1.]和[S2.]的内容进行比较，比较结果送到目标元件[D.]中。区间比较指令的使用如表 5-1-3 和图 5-1-4 所示。

表 5-1-3 区间比较指令

指令名称	助记符	指令代码位数	操作数范围				程序步
			[S1.]	[S2.]	[S.]	[D.]	
区间比较	ZCP ZCP(P)	FNC11 (16/32)	K、H KnX、KnY、KnM、KnS T、C、D、V、Z			Y、M、S	ZCP、ZCPP···9 步 DZCP、DZCPP···17 步

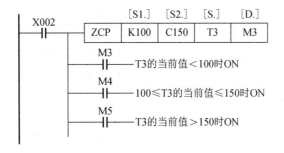

图 5-1-4 ZCP 指令的使用说明

图 5-1-4 中 X2 为 ON 时，执行 ZCP 指令，将 T3 的当前值与常数 100 和 150 相比较，结果送到 M3～M5。

注意：

1）比较指令 CMP/ZCP 的源操作数[S1.]、[S2.]、[S.]可取任意数据格式，目标操作数[D.]可取 Y、M 和 S。

2）使用 ZCP 时，[S2.]的数值不能小于[S1.]。

【例 5-1-2】利用 PLC 实现汽车转向灯控制。控制要求如下：

当汽车转向时车灯开始工作，设工作时间为 T，当 $T \leqslant 10s$ 时，车灯以 1Hz 频率闪烁；当 $10s \leqslant T < 15s$ 时，车灯常亮；当 $T = 15s$ 时，车灯熄灭，转向结束。

实施内容：

1）I/O 地址分配：如表 5-1-4 所示。

表 5-1-4 I/O 地址分配表

输入			输出		
输入元件	输入继电器	作用	输出元件	输出继电器	作用
转向开关	X000	转向开始	转向灯	Y000	转向灯控制信号

2）梯形图程序设计：如图 5-1-5 所示。

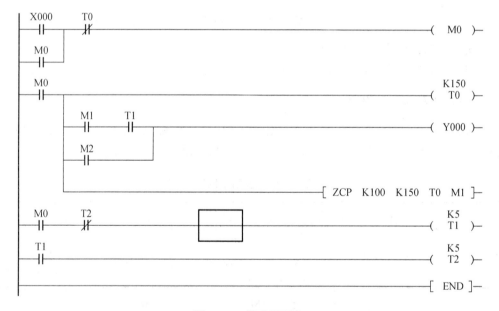

图 5-1-5 梯形图程序

执行"CMP\ZCP"指令时，比较结果具有记忆功能，即没有新的比较操作，则保持比较结果。要清除比较结果，可用"RST"或"ZRST"指令复位，如图 5-1-6 所示。

3. 触点型比较指令

FX$_{2N}$ 系列 PLC 的比较指令除了前面使用的比较指令 CMP 和区间比较指令 ZCP 外，还有触点型比较指令，如表 5-1-5 所示。触点型比较指令相当于一个触点，执行时比较源操

单元五 三菱 FX₂ₙ 系列 PLC 常用功能指令和数据处理指令

作数[S1]和[S2]，满足比较条件则触点闭合。源操作数[S1]和[S2]可以取所有的数据类型。

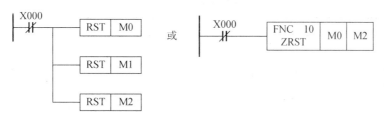

图 5-1-6　比较结果复位

表 5-1-5　各种触点型比较指令

助记符	命令名称	助记符	命令名称
LD=	（S1）=（S2）时，运算开始触点接通	AND<>	（S1）≠（S2）时，串联触点接通
LD>	（S1）>（S2）时，运算开始触点接通	AND≤	（S1）≤（S2）时，串联触点接通
LD<	（S1）<（S2）时，运算开始触点接通	AND≥	（S1）≥（S2）时，串联触点接通
LD<>	（S1）≠（S2）时，运算开始触点接通	OR=	（S1）=（S2）时，并联触点接通
LD<=	（S1）≤（S2）时，运算开始触点接通	OR>	（S1）>（S2）时，并联触点接通
LD>=	（S1）≥（S2）时，运算开始触点接通	OR<	（S1）<（S2）时，并联触点接通
AND=	（S1）=（S2）时，串联触点接通	OR<>	（S1）≠（S2）时，并联触点接通
AND>	（S1）>（S2）时，串联触点接通	OR≤	（S1）≤（S2）时，并联触点接通
AND<	（S1）<（S2）时，串联触点接通	OR≥	（S1）≥（S2）时，并联触点接通

在图 5-1-7 中，当 C10 的当前值=K200 时，Y010 驱动，D200 的内容在−29 以上、X001 为 ON 时，Y011 被 SET 指令置位。当 C200 的内容比 678493 小时，或 M3 为 ON，则 M50 被驱动。

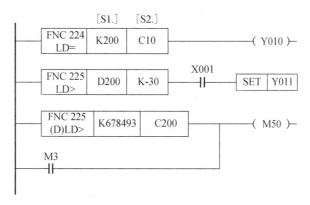

图 5-1-7　触点比较指令的应用

三、传送指令（MOV）

传送指令 MOV 的功能是将源操作数传送到指定的目标，如表 5-1-6 和图 5-1-8 所示。

表 5-1-6　传送指令

指令名称	助记符	指令代码位数	操作数范围		程序步
			[S.]	[D.]	
传送	MOV MOV(P)	FNC12 (16/32)	K、H KnX、KnY、KnM、KnS T、C、D、V、Z	KnY、KnM、KnS T、C、D、V、Z	MOV、MOVP…5 步 DMOV、DMOVP…9 步

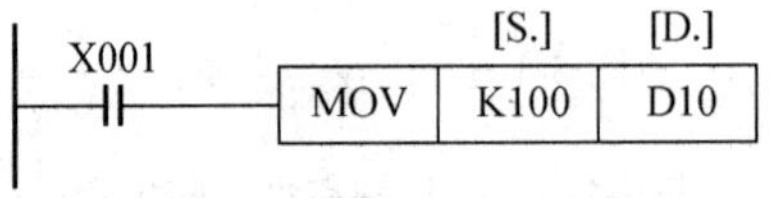

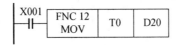

图 5-1-8　MOV 指令的使用说明

图 5-1-8 中的 X1 为 ON 时，把源操作数中的常数 100 传送到目标操作数 D10 内，并自动转换为二进制，即 S→D。

注意： 传送操作的数据具有记忆功能。

当 X1="1" 时，将 K100→D10。

当 X1="0" 时，D10=100 保持。

应用举例：如图 5-1-9 和图 5-1-10 所示。

【例 5-1-3】定时器的当前值传送至目标操作数（图 5-1-9）。

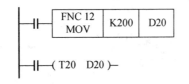

图 5-1-9　定时器当前值的读出（一）

【例 5-1-4】目标操作数作为定时器的设定值（图 5-1-10）。

图 5-1-10　定时器当前值的读出（二）

━━━█ 知 识 测 评 █━━━

1. 练一练

设置 4 位密码 8251。将数字开关拨到 8 时按一下确认键，再分别在拨到 2、5、1 时按一下确认键，电磁锁 Y0 得电开锁。

2. 应用拓展

设计八人抢答电路。要求 8 个指示灯 Y0～Y7 对应 8 个抢答按钮 X0～X7，在主持人按下开始按钮 X10 后才可以抢答，先按按钮者的灯亮，同时蜂鸣器 Y10 响，后按按钮者的灯不亮。

项目二　数据处理指令的使用方法及应用

学习目标

1. 了解数据处理指令的特点。
2. 掌握数据处理指令的基本格式。
3. 掌握常用数据处理指令的使用方法。

PLC 中有两种四则运算，即整数四则运算和实数四则运算。前者指令较简单，参加运算的数据只能是整数。非整数参加运算需先取整，除法运算的结果为商和余数。当整数进行较高准确度要求的四则计算时，需将小数点前后的数值分别计算，再将数据组合起来；除法运算时要对余数做多次运算才能形成最后的商。这就使程序的设计非常烦琐。与之相比，实数运算是浮点运算，是一种高准确度的运算。

一、BIN 加法运算指令（ADD）

加法指令 ADD 是将指定的源元件中的二进制数相加，将结果送到指定的目标元件中去。加法指令 ADD 的使用如表 5-2-1 和图 5-2-1 所示。

表 5-2-1　加法指令

指令名称	助记符	指令代码位数	操作数范围			程序步
			[S1.]	[S2.]	[D.]	
加法	ADD ADD(P)	FNC20 (16/32)	K、H KnX、KnY、KnM、KnS T、C、D、V、Z		KnY、KnM、KnS T、C、D、V、Z	ADD、ADDP…7 步 DADD、DADDP…13 步

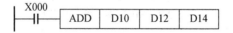

图 5-2-1　ADD 指令的使用说明

当执行条件 X000 由 OFF→ON 时，[D10]+[D12]→[D14]。

当指令采用脉冲执行型时，如图 5-2-2 所示。

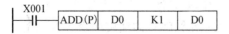

图 5-2-2　ADD(P) 指令的使用说明

当执行条件 X001 从 OFF→ON 变化时，D0 的数据加 1。

二、BIN 减法运算指令（SUB）

减法指令 SUB 是将指定的源元件中的二进制数相减，将结果送到指定的目标元件中去。减法指令 SUB 的使用如表 5-2-2 和图 5-2-3 所示。

表 5-2-2　减法指令

指令名称	助记符	指令代码位数	操作数范围			程序步
			[S1.]	[S2.]	[D.]	
减法	SUB SUB(P)	FNC21 (16/32)	K、H KnX、KnY、KnM、KnS T、C、D、V、Z		KnY、KnM、KnS T、C、D、V、Z	SUB、SUBP…7 步 DSUB、DSUBP…13 步

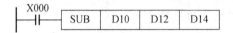

图 5-2-3　SUB 指令的使用说明

当执行条件 X000 由 OFF→ON 时，[D10]－[D12]→[D14]。

三、BIN 乘法运算指令（MUL）

乘法指令 MUL 是将指定的源元件中的二进制数相乘，将结果送到目标元件中去。乘法指令 MUL 的使用如表 5-2-3 和图 5-2-4 所示。

表 5-2-3　乘法指令

指令名称	助记符	指令代码位数	操作数范围			程序步
			[S1.]	[S2.]	[D.]	
乘法	MUL MUL(P)	FNC22 (16/32)	K、H KnX、KnY、KnM、KnS T、C、D、Z		KnY、KnM、KnS T、C、D	MUL、MULP…7 步 DMUL、DMULP…13 步

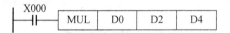

图 5-2-4　MUL 指令的使用说明

当执行条件 X000 由 OFF→ON 时，[D0]*[D2]→[D5，D4]。若[D0]=8，[D2]=9，则[D5，D4]=72（最高位为符号位，0 为正，1 为负）。

四、BIN 除法运算指令（DIV）

除法指令 DIV 是将指定的源元件中的二进制数相除，[S1]为被除数，[S2]为除数，将结果送到目标元件中去。除法指令 DIV 的使用如表 5-2-4 和图 5-2-5 所示。

表 5-2-4　除法指令

指令名称	助记符	指令代码位数	操作数范围			程序步
			[S1.]	[S2.]	[D.]	
除法	DIV DIV(P)	FNC23 (16/32)	K、H KnX、KnY、KnM、KnS T、C、D、Z		KnY、KnM、KnS T、C、D	DIV、DIVP…7 步 DDIV、DDIVP…13 步

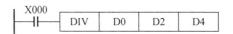

图 5-2-5　DIV 指令的使用说明

当执行条件 X000 由 OFF→ON 时，[D0]除以[D2]，商在[D4]中，余数在[D5]中。若 [D0]=19，[D2]=3，则[D4]=6，[D5]=1。

五、加 1 指令（INC）

加 1 指令 INC 的使用说明如表 5-2-5 和图 5-2-6 所示。

表 5-2-5　加 1 指令

指令名称	助记符	指令代码位数	操作数范围	程序步
			[D.]	
加 1	INC INC(P)	FNC24 (16/32)	KnY、KnM、KnS T、C、D、V、Z	INC、INCP…7 步 DINC、DINCP…13 步

当 X000 由 OFF→ON 变化时，由[D.]指定的元件 D10 中的二进制数自动加 1。若用连续指令，则每个扫描周期加 1。

图 5-2-6　INC 指令的使用说明

六、减 1 指令（DEC）

减 1 指令 DEC 的使用说明如表 5-2-6 和图 5-2-7 所示。

表 5-2-6　减 1 指令

指令名称	助记符	指令代码位数	操作数范围	程序步
			[D.]	
减 1	DEC DEC(P)	FNC25 (16/32)	KnY、KnM、KnS T、C、D、V、Z	DEC、DECP…7 步 DDEC、DDECP…13 步

当 X000 由 OFF→ON 变化时，由[D.]指定的元件 D10 中的二进制数自动减 1。若用连续指令，则每个扫描周期减 1。

图 5-2-7　DEC 指令的使用说明

━━━ 知 识 测 评 ━━━

1. 练一练

某展馆内最多只允许容纳 10 人，当人数达到 10 时指示灯亮，在展馆的进出口分别装有一个红外传感器。试设计 PLC 控制程序。

2. 应用拓展

一台投币洗车机用于司机清洗车辆，司机每投入 1 元可以使用 10min，其中喷水时间为 5min。

项目三 功能指令和数据处理指令综合应用实训

🗂 学习目标

1. 熟悉功能指令和数据处理指令的使用方法。
2. 进一步掌握 PLC 应用的基本设计步骤，训练编程的思想和方法。
3. 会 I/O 分配，会设计 I/O 接线图，会编制状态转移图。
4. 能完成软硬件综合调试并实现各个项目的控制要求。

任务一 彩灯交替点亮控制

1. 任务描述

用 PLC 实现彩灯的交替点亮控制。控制要求如下：

1）有一组灯 L1~L8。要求隔灯显示，每 2s 变换一次，反复进行。用一个开关实现起停控制。

2）设置起停开关接于 X0，L1~L8 接于 Y0~Y7。

2. 任务分析

本任务为彩灯控制。输入信号 1 个，输出信号 8 个，本任务可由位移循环指令实现。

3. 任务实施

上述对彩灯控制工作过程做了详细分析，下面用 PLC 实现该控制过程。

（1）确定 I/O 点数及地址分配

根据对任务的分析可知，本任务的输入信号有 1 个，输出信号有 8 个。I/O 地址分配如表 5-3-1 所示。

表 5-3-1 I/O 地址分配表

输入		输出	
		L1	Y0
		L2	Y1
		L3	Y2
SB	X0	L4	Y3
		L5	Y4
		L6	Y5
		L7	Y6
		L8	Y7

（2）设计控制电路

彩灯交替点亮控制电路如图 5-3-1 所示。

（3）设计控制程序

用 FX_{2N} 系列 PLC 按工艺要求设计控制程序，写出指令表。

1）SFC 参考程序如图 5-3-2 所示。

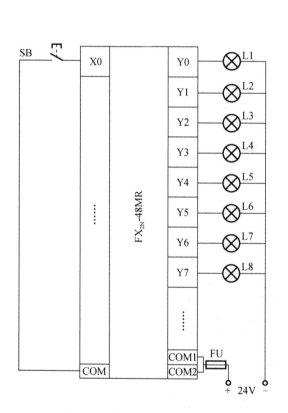

图 5-3-1　彩灯交替点亮控制电路

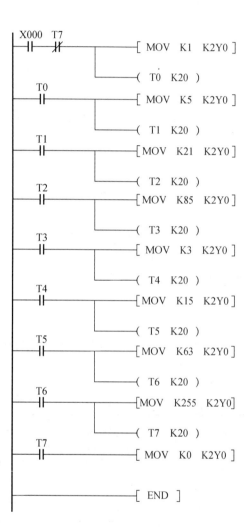

图 5-3-2　SFC 参考程序

2）指令表程序如下：

```
LD        X000
ANI       T7
MOV       K1          K2Y0
OUT       T0          K20
LD        T0
MOV       K5          K2Y0
OUT       T1          K20
LD        T1
MOV       K21         K2Y0
```

```
OUT        T2         K20
LD         T2
MOV        K85        K2Y0
OUT        T3         K20
LD         T3
MOV        K3         K2Y0
OUT        T4         K20
LD         T4
MOV        K15        K2Y0
OUT        T5         K20
LD         T5
MOV        K63        K2Y0
OUT        T6         K20
LD         T6
MOV        K255       K2Y0
OUT        T7         K20
LD         T7
MOV        K0         K2Y0
END
```

（4）输入程序并进行调试

根据原理图连接 PLC 线路，检查无误后将本程序下载到 PLC 中，运行程序，观察控制过程。

4. 任务评价

完成任务后，对整个任务的完成情况进行评价考核，评价项目和评价标准如表 5-3-2 所示。

表 5-3-2　任务学习评价表

评价项目		评价内容	配分	评价标准	自评（40%）	小组互评（30%）	教师评价（30%）
课堂学习能力		学习态度与能力	10	态度端正、学习积极			
思维拓展能力		拓展学习的表现与应用	5	积极地拓展学习并能正确应用			
团结协作意识		分工协作，积极参与	5	有分工，参与积极			
语言表达能力		正确清楚地表达观点	5	正确、清楚地表达观点			
学习过程	程序编制、调试、运行、工艺	外部接线	10	按照电路图正确选择元件、安装、接线			
		I/O 分配	10	合理正确			
		程序设计	20	完成程序编写且程序规范、合理			
		程序调试与运行	25	正确输入程序，能排除故障，符合控制要求			
安全文明生产		做到 7S 文明生产	10	安全、文明、规范			
总评价成绩			组长签字		教师签字		

任务二　电动机丫/△起动控制

1．任务描述

用 PLC 实现电动机的丫/△（星形/三角形）起动控制。主电路如图 5-3-3 所示。控制要求如下。

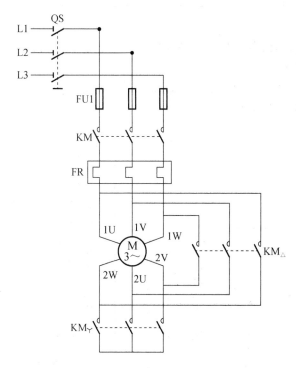

图 5-3-3　电动机丫/△起动控制主电路

1）按电动机丫/△起动控制要求，通电时电动机丫形起动并延时 6s，6s 后丫形分断并延时 1s，1s 后电动机△形运行。

2）系统有起动（SB1）、停止（SB2）、过载保护（FR）控制。

3）过载时，指示灯 L1 以 1Hz 的频率闪烁，过载解除后系统方可重新起动。

2．任务分析

本任务为电动机的丫/△起动控制。这是一个典型电力拖动控制系统，实现该控制的方式有多种，这里使用传送指令编写该任务的控制程序。

3．任务实施

上述对电动机的丫/△起动控制工作过程做了详细分析，下面用 PLC 实现该控制过程。

（1）确定 I/O 点数及地址分配

根据对任务的分析可知，本任务的输入信号有 3 个，输出信号有 3 个。I/O 地址分配如表 5-3-3 所示。

表 5-3-3　I/O 地址分配表

输入		输出	
SB1	X0	KM	Y0
SB2	X1	KM丫	Y1
FR	X2	KM△	Y2

（2）设计控制电路

电动机的丫/△起动控制电路如图 5-3-4 所示。

（3）设计控制程序

用 FX$_{2N}$ 系列 PLC 按工艺要求设计控制程序，写出指令表。

1）梯形图参考程序如图 5-3-5 所示。

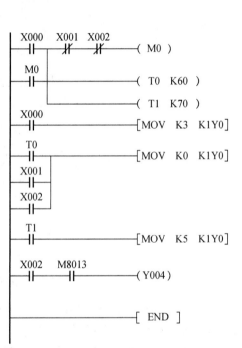

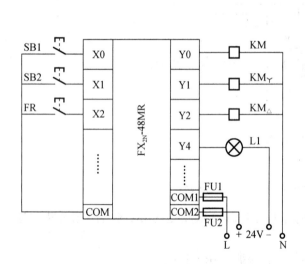

图 5-3-4　电动机的丫/△起动控制电路　　　图 5-3-5　梯形图参考程序

2）指令表程序如下：

```
LD          X000
OR          M0
MPS
ANI         X001
ANI         X002
OUT         M0
MRD
OUT         T0          K60
MPP
```

```
OUT        T1          K70
LD         X000
MOV        K3          K1Y0
LD         T0
OR         X001
OR         X002
MOV        K0          K1Y0
LD         T1
MOV        K5          K1Y0
LD         X002
AND        M8013
OUT        Y004
END
```

（4）输入程序并进行调试

根据原理图连接 PLC 线路，检查无误后将本程序下载到 PLC 中，运行程序，观察控制过程。

4．任务评价

完成任务后，对整个任务的完成情况进行评价考核，评价项目和评价标准如表 5-3-4 所示。

表 5-3-4　任务学习评价表

评价项目		评价内容	配分	评价标准	自评（40%）	小组互评（30%）	教师评价（30%）
课堂学习能力		学习态度与能力	10	态度端正、学习积极			
思维拓展能力		拓展学习的表现与应用	5	积极地拓展学习并能正确应用			
团结协作意识		分工协作，积极参与	5	有分工，参与积极			
语言表达能力		正确清楚地表达观点	5	正确、清楚地表达观点			
学习过程	程序编制、调试、运行、工艺	外部接线	10	按照电路图正确选择元件、安装、接线			
		I/O 分配	10	合理正确			
		程序设计	20	完成程序编写且程序规范、合理			
		程序调试与运行	25	正确输入程序，能排除故障，符合控制要求			
安全文明生产		做到 7S 文明生产	10	安全、文明、规范			
总评价成绩			组长签字		教师签字		

任务三　五台电动机顺序起动控制

1. 任务描述

用 PLC 实现五台电动机顺序起动控制，控制要求如下。

1）某生产线有五台电动机，起动时要求（M1～M5）每台电动机间隔 5s 起动。

2）系统有起动（SB1）、停止（SB2）、过载保护（FR）控制。

3）过载时，所有电动机停止，过载解除后系统方可重新起动。

4）试用触点比较指令编写控制程序。

2. 任务分析

本任务为五台电动机顺序起动控制系统。这是一个典型的电力拖动控制系统，实现该控制的方式有多种，这里使用触点比较指令编写该任务的控制程序。

3. 任务实施

上述对五台电动机顺序起动控制工作过程做了详细分析，下面用 PLC 实现该控制过程。

（1）确定 I/O 点数及地址分配

根据对任务的分析可知，本任务的输入信号有 3 个，输出信号有 5 个。I/O 地址分配如表 5-3-5 所示。

表 5-3-5　I/O 地址分配表

输入		输出	
SB1	X0	KM1	Y0
SB2	X1	KM2	Y1
FR	X2	KM3	Y2
—	—	KM4	Y3
—	—	KM5	Y4

（2）设计控制电路

五台电动机顺序起动控制电路如图 5-3-6 所示。

（3）设计控制程序

用 FX$_{2N}$ 系列 PLC 按工艺要求设计控制程序，写出指令表。

1）梯形图参考程序如图 5-3-7 所示。

2）指令表程序如下：

```
LD          X000
OR          M0
MPS
ANI         X001
ANI         X002
OUT         M0
MPP
OUT         T0          K200
```

```
OUT          Y000
LD=          T0          K50
OUT          Y001
LD=          T0          K100
OUT          Y002
LD=          T0          K150
OUT          Y003
LD=          T0          K200
OUT          Y004
END
```

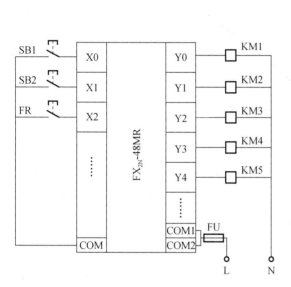

图 5-3-6　五台电动机顺序起动控制电路

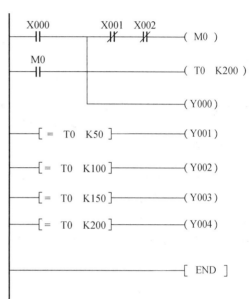

图 5-3-7　梯形图参考程序

（4）输入程序并进行调试

根据原理图连接 PLC 线路，检查无误后将本程序下载到 PLC 中，运行程序，观察控制过程。

4．任务评价

完成任务后，对整个任务的完成情况进行评价考核，评价项目和评价标准如表 5-3-6 所示。

表 5-3-6　任务学习评价表

评价项目	评价内容	配分	评价标准	自评 （40%）	小组互评 （30%）	教师评价 （30%）
课堂学习能力	学习态度与能力	10	态度端正、学习积极			
思维拓展能力	拓展学习的表现与应用	5	积极地拓展学习并能正确应用			
团结协作意识	分工协作，积极参与	5	有分工，参与积极			

续表

评价项目	评价内容	配分	评价标准	自评（40%）	小组互评（30%）	教师评价（30%）
语言表达能力	正确清楚地表达观点	5	正确、清楚地表达观点			
学习过程	外部接线	10	按照电路图正确选择元件、安装、接线			
	I/O 分配	10	合理正确			
程序编制、调试、运行、工艺	程序设计	20	完成程序编写且程序规范、合理			
	程序调试与运行	25	正确输入程序，能排除故障，符合控制要求			
安全文明生产	做到 7S 文明生产	10	安全、文明、规范			
总评价成绩		组长签字		教师签字		

任务四　工件计数控制系统设计

1. 任务描述

用 PLC 实现工件计数控制。控制要求如下：

设计一个工件计数程序。连接 X0 端子的光电传感器对工作进行计数。当计件数量小于 9 时，指示灯常亮；当计件数量等于或大于 9 时，指示灯闪烁；当计件数量为 10 时，自动停机，同时指示灯熄灭。试用触点比较指令编写控制程序。

2. 任务分析

本任务为工件计数控制。用光电传感器检测工件，计数需要由数据处理指令来完成。

3. 任务实施

上述对工件计数控制工作过程做了详细分析，下面用 PLC 实现该控制过程。

（1）确定 I/O 点数及地址分配

根据对任务的分析可知，本任务的输入信号有 1 个，输出信号有 1 个。I/O 地址分配如表 5-3-7 所示。

表 5-3-7　I/O 地址分配表

输入		输出	
光电传感器	X0	指示灯	Y0

（2）设计控制电路

工件计数控制系统电路如图 5-3-8 所示。

（3）设计控制程序

用 FX$_{2N}$ 系列 PLC 按工艺要求设计控制程序，写出指令表。

1）梯形图参考程序如图 5-3-9 所示。

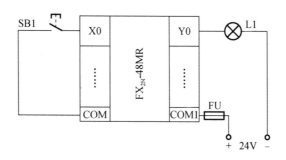

图 5-3-8　工件计数控制系统电路

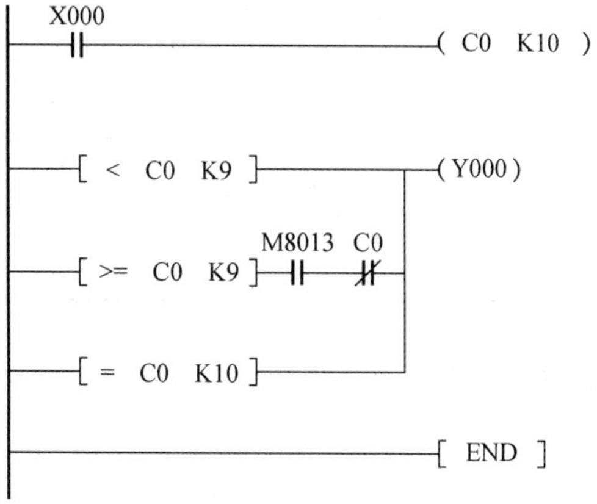

```
        X000
        ──┤├──────────────────────( C0    K10 )

        ──┤< C0 K9├─────────────────(Y000)

                                M8013  C0
        ──┤>= C0 K9├──────────┤├──────┤╱├

        ──┤= C0 K10├

                                      ─┤ END ├
```

图 5-3-9　梯形图参考程序

2）指令表程序如下：

```
LD          X000
OUT         C0          K10
LD<         C0          K9
LD>=        C0          K9
AND         M8013
ANI         C0
ORB
OR=         C0          K10
OUT         Y000
END
```

（4）输入程序并进行调试

根据原理图连接 PLC 线路，检查无误后将本程序下载到 PLC 中，运行程序，观察控制过程。

4．任务评价

完成任务后，对整个任务的完成情况进行评价考核，评价项目和评价标准如表 5-3-8 所示。

表 5-3-8　任务学习评价表

评价项目	评价内容	配分	评价标准	自评（40%）	小组互评（30%）	教师评价（30%）
课堂学习能力	学习态度与能力	10	态度端正、学习积极			
思维拓展能力	拓展学习的表现与应用	5	积极地拓展学习并能正确应用			
团结协作意识	分工协作，积极参与	5	有分工，参与积极			
语言表达能力	正确清楚地表达观点	5	正确、清楚地表达观点			
学习过程　程序编制、调试、运行、工艺	外部接线	10	按照电路图正确选择元件、安装、接线			
	I/O 分配	10	合理正确			
	程序设计	20	完成程序编写且程序规范、合理			
	程序调试与运行	25	正确输入程序，能排除故障，符合控制要求			
安全文明生产	做到 7S 文明生产	10	安全、文明、规范			
总评价成绩		组长签字		教师签字		

任务五　停车场停车位智能控制

1. 项目任务

用 PLC 实现停车场停车位的智能控制。控制要求如下：

假设某停车场最多可停车 10 辆，用数码管显示空车位的数量。用出/入传感器检测进出车辆数，每进一辆车后空车位的数量减 1，每出一辆车后空车位的数量增 1。场内空车位的数量大于 5 时，入口处绿灯亮，允许入场；等于和小于 5 时，绿灯闪烁，提醒待进场车辆注意将满场；等于 0 时，红灯亮，禁止车辆入场。

2. 任务分析

本任务为停车场停车位的智能控制。用数码管显示空车位的数量，数码显示可通过 SEGD 指令来实现，车位数量的增减由传感器检测并进行数据处理指令，通过数码管显示。

3. 任务实施

上述对停车场停车位的智能控制工作过程做了详细分析，下面用 PLC 实现该控制过程。

（1）确定 I/O 点数及地址分配

根据对任务的分析可知，本任务的输入信号有 2 个，输出信号有 10 个。I/O 地址分配如表 5-3-9 所示。

表 5-3-9　I/O 地址分配表

输入		输出	
入口传感器检测	X0	绿灯	Y0
出口传感器检测	X1	红灯	Y1
—	—	数码管	Y20～Y27

（2）设计控制电路

停车位智能控制电路如图 5-3-10 所示。

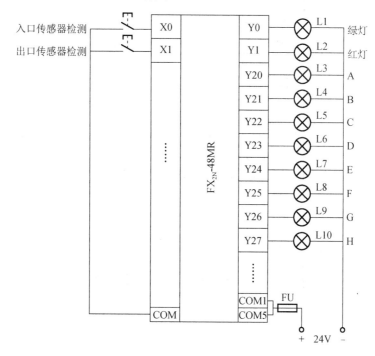

图 5-3-10　停车位智能控制电路

（3）设计控制程序

用 FX₂N 系列 PLC 按工艺要求设计控制程序，写出指令表。

1）梯形图参考程序如图 5-3-11 所示。

2）指令表程序如下：

```
LDP         X000
INC         C0
LDP         X001
DEC         C0
LD          X000
OR          X001
OUT         C0              K10
LD>         C0              K5
LD<=        C0              K5
AND         M8013
ORB
OUT         Y000
LD=         C0              K0
OUT         Y001
LDP         X000
ORP         X001
MOV         C0              D0
SEGD        D0              K1Y20
END
```

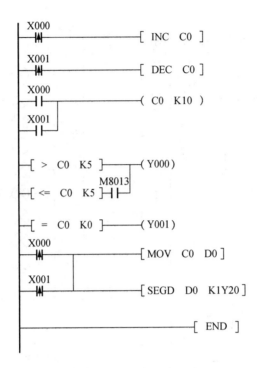

图 5-3-11　梯形图参考程序

（4）输入程序并进行调试。

根据原理图连接 PLC 线路，检查无误后将本程序下载到 PLC 中，运行程序，观察控制过程。

4. 任务评价

完成任务后，对整个任务的完成情况进行评价考核，评价项目和评价标准如表 5-3-10所示。

表5-3-10　任务学习评价表

评价项目		评价内容	配分	评价标准	自评（40%）	小组互评（30%）	教师评价（30%）
课堂学习能力		学习态度与能力	10	态度端正、学习积极			
思维拓展能力		拓展学习的表现与应用	5	积极地拓展学习并能正确应用			
团结协作意识		分工协作，积极参与	5	有分工，参与积极			
语言表达能力		正确清楚地表达观点	5	正确、清楚地表达观点			
学习过程	程序编制、调试、运行、工艺	外部接线	10	按照电路图正确选择元件、安装、接线			
		I/O 分配	10	合理正确			
		程序设计	20	完成程序编写且程序规范、合理			
		程序调试与运行	25	正确输入程序，能排除故障，符合控制要求			

续表

评价项目	评价内容	配分	评价标准	自评 (40%)	小组互评 (30%)	教师评价 (30%)
安全文明生产	做到 7S 文明生产	10	安全、文明、规范			
总评价成绩		组长签字		教师签字		

━━━■ 知 识 测 评 ■━━━

1. 想一想

完成任务五的程序控制还可有哪些编程方法？

2. 讲一讲

请阐述触点比较指令的使用方法。

3. 练一练

（1）用比较指令编写 3 台电动机起动时，按 M1、M2、M3 的先后顺序起动；停止时，按 M3、M2、M1 的顺序停止的 PLC 程序，时间间隔为 30s。

（2）用数据传送指令编制用两个数码显示器显示 0～60s 时间的程序，每隔 1s 显示数字增 1，并安装接线、调试运行。

（3）在任务四的基础上，请用数码管显示工件数。

（4）设有 8 盏指示灯，控制要求如下：当 X0 接通时，全部灯亮；当 X1 接通时，奇数灯亮；当 X2 接通时，偶数灯亮；当 X3 接通时，全部灯灭。

4. 应用拓展

（1）用 CMP 指令实现下列功能：X0 为脉冲输入，当脉冲数大于 5 时，Y1 为 ON；反之，Y0 为 ON。

（2）利用计数器与比较指令，设计 24h 可设定定时时间的住宅控制程序。要求实现如下控制。

① 6:30，闹钟每秒响一次，10s 后自动停止。

② 9:00～17:00，起动住宅报警系统。

③ 18:00 打开住宅照明。

④ 22:00 关闭住宅照明。

（3）在任务三的基础上完成如下控制。

① 某生产线有五台电动机，起动时要求每台电动机间隔 5s 起动；停止时要求（M5～M1）每台电动机间隔 5s 停止。

② 系统有起动（SB1）、停止（SB2）、每台电动机运行指示和过载保护（FR）控制。

③ 过载时，指示灯 L1 以 2Hz 的频率闪烁，且所有电动机停止，过载解除后系统方可重新起动。

④ 试用触点比较指令编写控制程序。

（4）某车间内有 5 个工作台，如图 5-3-12 所示。小车往返于工作台之间运料，每个工作台有一个到位开关（SQ）和一个呼叫开关（SB）。控制要求如下。

① 小车初始时回到左端停车位上。

② 按下 m 号工作台，小车到达相应工作台停止。

③ n 号工作台呼叫（即 SBn 动作）。若 m>n，小车左行，直至 SQn 动作到位停车；若 m<n，小车右行，直至 SQn 动作到位停车；若 m=n，小车原地不动。

④ 按下停止按钮，小车回到左端停车位。

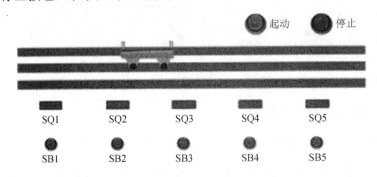

图 5-3-12　料车方向控制

（5）设计一个彩灯控制系统，实现如下控制要求：按下系统起动按钮 A、B，两只彩灯同时被点亮，设系统运行时间为 T。当 $10s \leqslant T \leqslant 30s$ 时，A 灯以 1Hz 频率闪烁，B 灯以 2Hz 频率闪烁；当 $30s \leqslant T \leqslant 50s$ 时，A 灯以 2Hz 频率闪烁，B 灯以 1Hz 频率闪烁；当 $T \geqslant 50s$ 时，A 灯、B 灯同时常亮；当 $T=60s$ 时，A 灯、B 灯同时熄灭。再次按下系统起动按钮，重复上述运行控制。

附录一　PLC 控制系统设计安装与调试训练项目汇总

一、PLC 编程训练（基本单元程序）

1）设计一个电动机点动与连续运行混合控制的程序。

2）设计一个单按钮起停控制程序，即按一下按钮起动，再按一下按钮停止。

3）设计一个双重联锁正反转控制程序，接触器之间采用触点实现互锁。

4）设计一个双重联锁正反转控制程序，两线圈之间的转换采用定时器延时来防止接触器同时吸合。

5）设计一个单按钮控制正反转的程序，即按一下按钮正转，再按一下按钮反转。按下停止按钮，电动机停止工作。

6）设计一个两台电动机顺序控制程序，即按下起动按钮，M1 起动，延时 3s 后，M2 自行起动；按下停止按钮，M2 停止，延时 3s 后，M1 自动停止。按下急停按钮，电动机立即停止。

7）用单按钮实现五台电机的起停控制。对五台电动机进行编号，按下按钮一次（保持 1s 以上），1 号电动机起动，再按按钮，1 号电动机停止；按下按钮两次（保持 1s 以上），2 号电动机起动，再按按钮，2 号电动机停止，以此类推，按下按钮五次（保持 1s 以上），5 号电动机起动，再按按钮，5 号电动机停止。

8）设计一个丫/△降压起动控制程序，按下起动按钮后，电动机做丫形起动，延时 3s 后，自动转换到△运行；按下停止按钮时，电动机立即停止工作。

9）设计一个双速电动机自动变速控制程序，当按下起动按钮时，电动机做低速起动，5s 后自动转成高速；当按下停止按钮时，先进入低速，2s 后再停止。

10）设计一个双速电动机控制程序，SB1 为低速控制，SB2 为高速控制，按下 SB1，电动机做低速运行；在停止的状态下按下 SB2，电动机先进行低速起动，延时 3s 后自动进入高速运行；在低速运行的状态下按下 SB2，直接进入高速运行。在高速运行状态下按 SB1，直接进入低速运行，按下停止按钮，电动机先进入低速，延时 2s 后方可停止。

11）设计一个控制程序，按下起动按钮后，M1 做正转，5s 后，自动停止，3s 后，自动转成反转，再 5s 后，自动停止，再 3s 后，又自动转成正转，如此循环；按下停止按钮后，自动停止工作。

12）设计一个控制程序，按下起动按钮后，M1 做正转，5s 后，自动停止，3s 后，自动转成反转，再 5s 后，自动停止，再 3s 后，又自动转成正转，如此循环；按下停止按钮后，自动停止工作；当再次起动时，能够从上一次停止时的状态开始进行工作（即具有记忆功能）。

二、PLC 编程训练（单元组合程序）

1）有一台 15kW 的三相交流异步电动机，现要对其进行控制，起动时采用丫/△降压起动，停止时采用能耗制动，并用时间法来控制制动速度，试设计该电动机的控制程序。

2）有一台 7.5kW 的三相交流异步电动机，根据设备控制要求，现要对其进行控制：①电动机要求能实现双重联锁正反转控制；②由于电动机功率较大，在启动时，要求采用丫/△降压起动；③在正反转切换过程中，要求先实现能耗制动（由速度继电器控制转速），然后反方向起动。

3）某设备有两台电动机（M1、M2），要实现如下功能：起动时，M1 做丫/△起动，时间为 3s，待 M1 完全起动后，延时 5s，M2 自行起动；停止时，按一下停止按钮，M2 停止，再按一下停止按钮，M1 做能耗制动（由时间控制）。

4）某设备有一台电动机（M1），要求实现正反转带反接制动控制，即正转到反转时，先进行反接制动，然后反向起动；反转到正转时，先进行反接制动，然后正向起动。由于反接制动时的制动电流较大，为了防止大电流对设备及电网的影响，在制动过程中由限流电阻进行限流。

5）某设备有一台双速电动机（M1），要求实现如下控制：按下起动按钮后，电动机实现正向高速运行（有一个低速起动过程，为 2s），5s 后自动转到正向慢速运行；再 10s 后，转到反向高速运行（有一个低速停止过程和低速起动过程，为 2s），10s 后自动停止（有一个低速停止过程，为 2s）。

6）某设备有四台电动机（M1、M2、M3、M4），分别拖动四条传输带，起动时，按照 M1→M2→M3→M4 的顺序顺向依次起动，起动时间间隔为 5s；停止时按照 M4→M3→M2→M1 的顺序逆向依次停止，停止时间间隔为 5s；在起动过程中，若按下了停止按钮，则实现逆向停止；在停止过程中，若按下了起动按钮，则实现顺向起动。

7）某设备有四台电动机（M1、M2、M3、M4），分别拖动四条传输带，起动时，按照 M1→M2→M3→M4 的顺序顺向依次起动，起动时间间隔为 5s；停止时按照 M4→M3→M2→M1 的顺序逆向依次停止，停止时间间隔为 5s；当某台电动机发生过载时（如 M2），则编号小的电动机立即停止（M2、M1），而编号大的电动机继续运行 10s 后自动停止。

三、PLC 编程训练（报警程序）

1）设计一个报警程序，当报警信号成立时，实现报警，要求如下：蜂鸣器鸣叫，警灯闪烁，闪烁为亮 2s，灭 1s，警灯闪烁 15 次后，自动结束报警。

2）设计一个报警程序，当报警信号成立时，实现报警，要求如下：蜂鸣器鸣叫，为一长音（响 2s）一短音（响 0.5s）；警灯以 1Hz 的频率闪烁，当按下复位按钮后，停止报警。

3）设计一个报警程序，当报警信号成立时，实现报警，要求如下：蜂鸣器鸣叫，频率为 2Hz；警灯以 1Hz 的频率闪烁；10s 后，若没有按下复位按钮，则蜂鸣器鸣叫频率变为

5Hz，警灯以 10Hz 的频率闪烁。当按下复位按钮后，停止报警。

四、PLC 与变频器综合应用训练

1. 变频器参数的设定

按下 SA1（正转）：变频器以低速 RL=15Hz、中速 RM=20Hz、高速 RH=35Hz 三种速度运行，第一次加速时间为 5s，第二次加速时间为 10s。减速时间为 5s。

按下 SA2（正转）：变频器以 RL=10Hz、RM=20Hz、RH=30Hz 三种速度运行，第一次加速时间为 3s，第二次加速时间为 5s。减速时间为 5s。

2. 变频调速控制

按下起动按钮，电动机以 30Hz 速度运行，5s 后转为 45Hz 速度运行，再过 5s 转为 20Hz 速度运行，按停止按钮，电动机即停止。设定参数如下。

1）上限频率 Pr1=50Hz。

2）下限频率 Pr2=0Hz。

3）基底频率 Pr3=50Hz。

4）加速时间 Pr7=2s。

5）减速时间 Pr8=2s。

6）操作模式选择（组合）Pr79=3。

7）多段速度设定（1 速）Pr4=20Hz。

8）多段速度设定（2 速）Pr5=45Hz。

9）多段速度设定（3 速）Pr6=30Hz。

10）电子过电流保护 Pr9=电动机的额定电流。

附录二　FX₂ₙ系列 PLC 基本指令一览表

助记符	名称	可用元件	功能和用途
LD	取	X、Y、M、S、T、C	逻辑运算开始。用于与母线连接的动合触点
LDI	取反	X、Y、M、S、T、C	逻辑运算开始。用于与母线连接的动断触点
LDP	取上升沿	X、Y、M、S、T、C	上升沿检测指令，仅在指定元件的上升沿时接通 1 个扫描周期
LDF	取下降沿	X、Y、M、S、T、C	下降沿检测指令，仅在指定元件的下降沿时接通 1 个扫描周期
AND	与	X、Y、M、S、T、C	和前面的元件或回路块实现逻辑与，用于动合触点串联
ANI	与反	X、Y、M、S、T、C	和前面的元件或回路块实现逻辑与，用于动断触点串联
ANDP	与反升沿	X、Y、M、S、T、C	上升沿检测指令，仅在指定元件的上升沿时接通 1 个扫描周期
OUT	输出	Y、M、S、T、C	驱动线圈的输出指令
SET	置位	Y、M、S	线圈接通保持指令
RST	复位	Y、M、S、T、C、D	清除动作保持，当前值与寄存器清零
PLS	上升沿微分指令	Y、M	在输入信号上升沿时产生 1 个扫描周期的脉冲信号
PLF	下降沿微分指令	Y、M	在输入信号下降沿时产生 1 个扫描周期的脉冲信号
MC	主控	Y、M	主控程序的起点
MCR	主控复位	—	主控程序的终点
ANDF	与下降沿	Y、M、S、T、C、D	下降沿检测指令，仅在指定元件的下降沿时接通 1 个扫描周期
OR	或	Y、M、S、T、C、D	和前面的元件或回路块实现逻辑或，用于动合触点并联
ORI	或反	Y、M、S、T、C、D	和前面的元件或回路块实现逻辑或，用于动断触点并联
ORP	或上升沿	Y、M、S、T、C、D	上升沿检测指令，仅在指定元件的上升沿时接通 1 个扫描周期
ORF	或下降沿	Y、M、S、T、C、D	下降沿检测指令，仅在指定元件的下降沿时接通 1 个扫描周期
ANB	回路块与	—	并联回路块的串联连接指令
ORB	回路块或	—	串联回路块的并联连接指令
MPS	进栈	—	将运算结果（或数据）压入栈存储器
MRD	读栈	—	将栈存储第 1 层的内容读出
MPP	出栈	—	将栈存储第 1 层的内容弹出
INV	取反转	—	将执行该指令之前的运算结果进行取反转操作
NOP	空操作	—	程序中仅做空操运作
END	结束	—	表示程序结束

附录三　FX₂ₙ系列 PLC 常用继电器一览表

附表 3-1　FX₂ₙ系列 PLC 常用特殊辅助继电器一览表

地址号、名称	动作、机能
M8000	运行监视 a 接点
M8001	运行监视 b 接点
M8002	初始脉冲 a 接点
M8003	初始脉冲 b 接点
M8011	10ms 周期振荡
M8012	100ms 周期振荡
M8013	1s 周期振荡
M8014	1min 周期振荡
M8034	输出禁止，PC 的外部输出接点皆为 OFF
M8040	驱动时状态时间的转移被禁止
M8041	起动运转时，可以从起始状态转移

附表 3-2　FX₂ₙ系列 PLC 内部状态继电器一览表

地址号、名称	动作、机能
S0~S9	初始状态：用作 SFC 的初始状态
S10~S19	返回状态：多运行模式控制中，用作返回原点的状态
S20~S499	一般通用状态：用作 SFC 的中间状态
S500~S899	断电保持状态：用于停电恢复后继续执行的场合
S900~S999	信号报警状态：用作报警元件使用

附录四　FX_{2N} 系列 PLC 常用功能指令一览表

类别	功能号	指令助记符	功能	D 指令	P 指令
程序流程	00	CJ	条件跳转	—	0
	01	CALL	调用子程序	—	0
	02	SRET	子程序返回	—	—
	03	IRET	中断返回	—	—
	04	EI	开中断	—	—
	05	DI	关中断	—	—
	06	FEND	主程序结束	—	—
	07	WDT	监视定时器	—	0
	08	FOR	循环区开始	—	—
	09	NEXT	循环区结束	—	—
传送与比较	10	CMP	比较	0	0
	11	ZCP	区间比较	0	0
	12	MOV	传送	0	0
	13	SMOV	移位传送	—	0
	14	CML	取反	0	0
	15	BMOV	块传送	—	0
	16	FMOV	多点传送	0	0
	17	XCH	数据交换	0	0
	18	BCD	求 BCD 码	0	0
	19	BIN	求二进制码	0	0
四则运算与逻辑运算	20	ADD	二进制加法	0	0
	21	SUB	二进制减法	0	0
	22	MUL	二进制乘法	0	0
	23	DIV	二进制除法	0	0
	24	INC	二进制加一	0	0
	25	DEC	二进制减一	0	0
	26	WADN	逻辑字与	0	0
	27	WOR	逻辑字或	0	0
	28	WXOR	逻辑字与或	0	0
	29	ENG	求补码	0	0

类别	功能号	指令助记符	功能	D 指令	P 指令
循环与转移	30	ROR	循环右移	0	0
	31	ROL	循环左移	0	0
	32	RCR	带进位右移	0	0
	33	RCL	带进位左移	0	0
	34	SFTR	位右移	—	0
	35	SFTL	位左移	—	0
	36	WSFR	字右移	—	0
	37	WSFL	字左移	—	0
	38	SFWR	FIFO 写	—	0
	39	SFRD	FIFO 读	—	0
数据处理	40	ZRST	区间复位	—	0
	41	DECO	解码	—	0
	42	ENCO	编码	—	0
	43	SUM	求置 ON 位的总和	0	0
	44	BON	ON 位判断	0	0
	45	MEAN	平均值	0	0
	46	ANS	标志置位	—	—
	47	ANR	标志复位	—	0
	48	SOR	二进制平方根	0	0
	49	FLT	二进制整数与浮点数转换	0	0
高速处理	50	REF	刷新	—	0
	51	REFE	滤波调整正	—	0
	52	MTR	矩阵输入	—	—
	53	HSCS	比较置位（高速计数器）	0	—
	54	HSCR	比较复位（高速计数器）	0	—
	55	HSZ	区间比较（高速计数器）	0	—
	56	SPD	脉冲密度	—	—
	57	PLSY	脉冲输出	0	—
	58	PWM	脉冲调制	—	—
	59	PLSR	带加速减速的脉冲输出	0	—
触点比较	224	LD=	(S1) = (S2)	0	—
	225	LD>	(S1) > (S2)	0	—
	226	LD<	(S1) < (S2)	0	—
	228	LD<>	(S1) ≠ (S2)	0	—
	229	LD<=	(S1) ≤ (S2)	0	—
	230	LD>=	(S1) ≥ (S2)	0	—
	232	AND=	(S1) = (S2)	0	—
	233	AND>	(S1) > (S2)	0	—
	234	AND<	(S1) < (S2)	0	—
	236	AND<>	(S1) ≠ (S2)	0	—
	237	AND<=	(S1) ≤ (S2)	0	—
	238	AND>=	(S1) ≥ (S2)	0	—
	240	OR=	(S1) = (S2)	0	—

续表

类别	功能号	指令助记符	功能	D 指令	P 指令
触点比较	241	OR>	(S1) > (S2)	0	—
	242	OR<	(S1) < (S2)	0	—
	244	OR<>	(S1) ≠ (S2)	0	—
	245	OR<=	(S1) ≤ (S2)	0	—
	246	OR>=	(S1) ≥ (S2)	0	—

附录五　变频器基本结构图

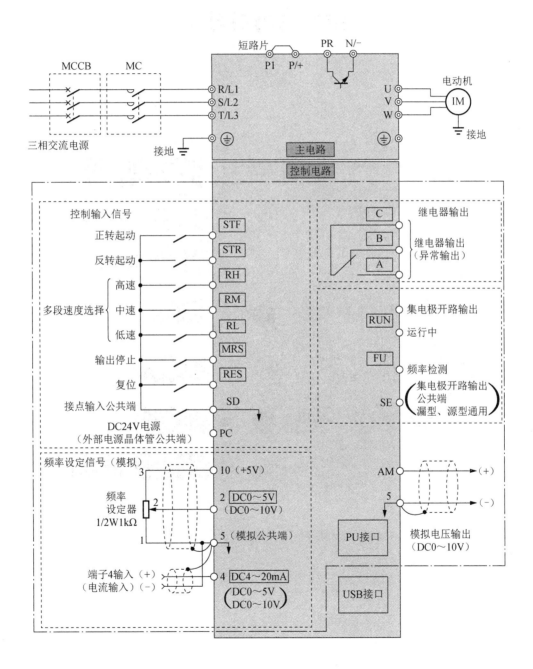

附录六 变频器参数设定及参数清除设置步骤图示

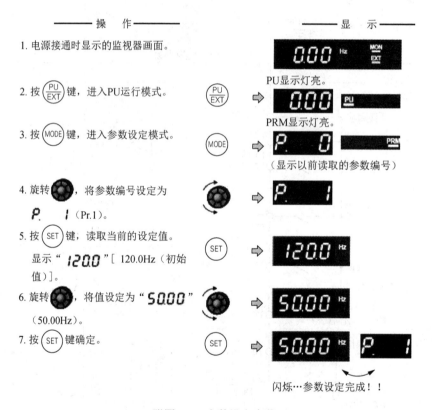

——— 操 作 ———

1. 电源接通时显示的监视器画面。

2. 按 (PU/EXT) 键,进入PU运行模式。

3. 按 (MODE) 键,进入参数设定模式。

4. 旋转 🎛,将参数编号设定为 *P. 1*(Pr.1)。

5. 按 (SET) 键,读取当前的设定值。显示"*120.0*"〔120.0Hz(初始值)〕。

6. 旋转 🎛,将值设定为"*50.00*"(50.00Hz)。

7. 按 (SET) 键确定。

——— 显 示 ———

PU显示灯亮。

PRM显示灯亮。

(显示以前读取的参数编号)

闪烁…参数设定完成!!

附图 6-1 参数设定步骤

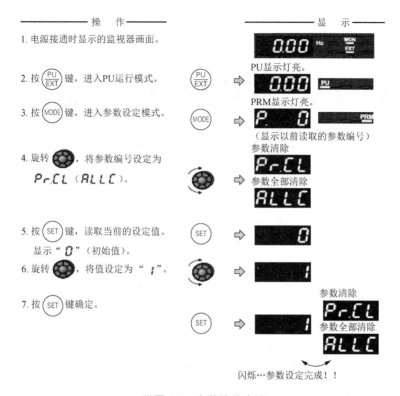

———— 操　作 ————

1. 电源接通时显示的监视器画面。

2. 按 (PU/EXT) 键，进入PU运行模式。

3. 按 (MODE) 键，进入参数设定模式。

4. 旋转 🎛，将参数编号设定为 *Pr.CL*（*ALLC*）。

5. 按 (SET) 键，读取当前的设定值。
　显示 "*0*"（初始值）。

6. 旋转 🎛，将值设定为 "*1*"。

7. 按 (SET) 键确定。

———— 显　示 ————

(PU/EXT)⇒ PU显示灯亮。

(MODE)⇒ PRM显示灯亮。
　（显示以前读取的参数编号）
　参数清除
　参数全部清除

(SET)⇒

🎛⇒

(SET)⇒ 参数清除
　参数全部清除

闪烁…参数设定完成！！

附图 6-2　参数清除步骤

附录七 变频器常用接线图示

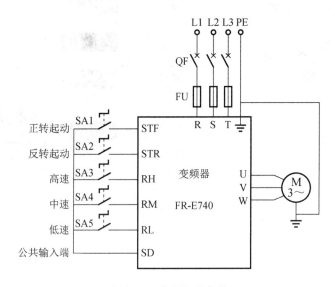

附图 7-1 变频器的接线

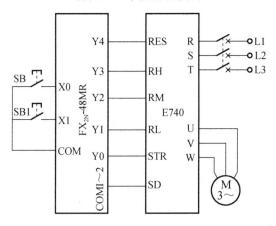

附图 7-2 PLC 与变频器的接线

参 考 文 献

崔陵，2014．可编程控制器技术应用．北京：高等教育出版社．

杜从商，2009．PLC 编程应用基础（三菱）．北京：机械工业出版社．

姜治臻，2008．PLC 项目实训：FX_{2N} 系列．北京：高等教育出版社．

苏家健，石秀丽，2013．PLC 技术与应用实训（三菱机型）．2 版．北京：电子工业出版社．

肖明耀，代建军，2015．三菱 FX_{3U} 系列 PLC 应用技能实训．北京：中国电力出版社．

翟彩萍，2006．PLC 应用技术（三菱）．北京：中国劳动社会保障出版社．

张万忠，2012．可编程控制器应用技术．3 版．北京：化学工业出版社．